Schöne Tillandsien

Elvira Groß

Schöne Tillandsien

70 Farbfotos
7 Zeichnungen

E.U.
VERLAG
EUGEN
ULMER

Umschlagfoto:
Tillandsia stricta,
Beschreibung
Seite 78

Foto Seite 2:
Schale mit Tilland-
sien auf Rebholz
und Lavasteinen

Die Deutsche Bibliothek – CIP-Einheitsaufnahme

Gross, Elvira:
Schöne Tillandsien / Elvira Gross. – Stuttgart : Ulmer, 1992
ISBN 3-8001-6501-5

Wollgrasweg 41, 7000 Stuttgart 70 (Hohenheim)
Printed in Germany
Einbandgestaltung: Alfred Krugmann, Freiberg am Neckar
Lektorat: Sabine Reh
Herstellung: Jürgen Sprenzel
Satz: Typobauer Filmsatz GmbH, Ostfildern 3
Druck und Bindung: Passavia Druckerei GmbH, Passau

Vorwort

Tillandsien sind erst in den letzten Jahren in größerer Artenzahl vom Handel angeboten worden. Waren sie früher begehrte Objekte bei Liebhabern und Sammlern, kann man sie heute sogar in Supermärkten kaufen.

Grünblättrige, trichterförmige Bromelien sind schon länger in Kultur. Die grauen Tillandsien, die auch »Luftnelken« genannt werden, erwecken durch die erdlose Kultur unser Interesse. Auch im nichtblühenden Zustand zeigen die Pflanzen eine attraktive Erscheinung. Zudem gibt es viele kleine oder sogar zwergwüchsige Arten, die auch auf kleinem Raum Platz finden. Im blühenden Zustand aber wird durch die leuchtenden Farben des Blütenstandes der ganze Tropenzauber sichtbar. Doch ist die Enttäuschung oft groß, wenn man feststellen muß, daß die erworbene Pflanze durch Unkenntnis und falsche Pflegeanleitungen eingegangen ist.

Dieses Buch soll vor allem dazu beitragen, die Lebensweise und die sich daraus ergebenden Ansprüche der Tillandsien kennenzulernen. Denn der Pflegeaufwand, den diese Pflanzengruppe beansprucht, ist keineswegs so groß, wie ihr exotischer Anschein vermuten läßt, aber auch nicht so gering wie manche Pflegeanleitungen dies ausweisen.

Die Verwendungsmöglichkeiten grauer Tillandsien sind gegenüber substratgebundenen Pflanzen sehr vielgestaltig. Es eröffnen sich uns neue Wege des Gestaltens mit Pflanzen. Phantasie und gärtnerischer Ehrgeiz werden herausgefordert. Mit Sachkenntnis und Einfühlungsvermögen wird man viel Freude an seinen Pflanzen haben!

Danken möchte ich dem Verlag Eugen Ulmer, insbesondere Herrn Roland Ulmer, der mir mit diesem Buch die Möglichkeit gibt, die interessanten Tillandsien einem breiten Publikum näherzubringen. Den Mitarbeitern aus Lektorat und Herstellung gebührt Dank für die Mühe und Arbeit bei der Fertigstellung des Buches. Nicht zuletzt möchte ich Herrn Korn und Herrn Göhring vom Botanischen Garten der Universität Heidelberg danken für ihre wertvollen Kulturhinweise und praktischen Tips.

Elvira Groß
Heidelberg, im Frühjahr 1992

Epiphytisch wachsende Tillandsien, am Rio Saura in Peru

Inhaltsverzeichnis

Vorwort 5

Geschichte der Bromelienkultur 9

Artenschutz 13
Gefährdete Arten 14

Tillandsien botanisch betrachtet 15
Heimat und Verbreitung 15
Epiphytische Lebensweise 16
Bauplan der Tillandsien 17
Wuchsform und Blätter 17
Blütenstände und Blüten 18
Früchte und Samen 20
Bau der Saugschuppen 20
Merkmale und Systematik 22

Kultur, Pflege und Vermehrung 24
Licht und Temperatur 24
Bewässerung 25
Düngung 25
Substrate 26
Umtopfen 27
Epiphytische Kultur 27
Beeinflussung der Blütezeit 28
Vegetative Vermehrung 28
Generative Vermehrung 29

Krankheiten und Schädlinge 31
Pilzkrankheiten 31
Tierische Schädlinge 31

Die Verwendung der Tillandsien 32
Topfkultur 32
Epiphytenhölzer 32
Steine als Pflanzunterlage 35
Terrarien und bepflanzte Schalen 36

Tillandsien von A–Z 39

Glossar 89

Verzeichnisse 90
Literatur 90
Bromeliengesellschaft(en) 90
Bezugsquellen 90
Register 91
Bildquellen 93

Bromelien in einem botanischen Garten

Herrn Professor Dr. Werner Rauh, Heidelberg, sei für die freundliche Unterstützung und die Überlassung zahlreicher Fotos herzlich gedankt.

Geschichte der Bromelienkultur

Alle Bromelien stammen vom amerikanischen Doppelkontinent, der auch als Neue Welt bezeichnet wird. Die einzige Ausnahme ist *Pitcairnia feliciana* (A. Chev.) Harms & Milbraed, die in Westafrika vorkommt. Bis heute bleibt es ein Rätsel, wie sie dorthin gelangt ist.

Die erste Kunde von Pflanzen aus der Neuen Welt konnte zwangsläufig erst nach deren Entdeckung durch Christoph Kolumbus Europa erreichen. Die großen Expeditionsfahrten der damaligen Zeit zielten vorwiegend auf Bodenschätze und Nutzpflanzen ab. So war es auch die Ananas, die einzige Nutzpflanze von weltwirtschaftlicher Bedeutung unter den Bromelien, die Kolumbus im Jahr 1493 auf seiner zweiten Reise auf Guadelupe kennenlernte. Nach dieser wohlschmeckenden Frucht trägt die gesamte Familie den deutschen Namen Ananasgewächse.

Die erste Art der Gattung *Tillandsia* wurde erst 1623 von dem Schweizer Botaniker Kaspar Bauhin (1560—1624) gefunden und später von Carl von Linné (1707—1778) als *Tillandsia utriculata* beschrieben. Für Europäer war es damals sehr ungewöhnlich, daß Pflanzen ohne Bodenkontakt hoch in den Baumwipfeln wachsen. Die einzige europäische Pflanze, die ähnlich lebt, ist die Mistel. So beschrieb Bauhin denn auch *Tillandsia utriculata* als ». . .große, nelkenartige Mistel«. Daher rührt wohl auch der Name »Luftnelken«, den man den Tillandsien gegeben hat.

Pflanzen aus der Neuen Welt erfreuten sich einer großen Beliebtheit, die im 19. Jahrhundert neuen Aufschwung erhielt. Die Transportmöglichkeiten und die Transportgeschwindigkeit hatten sich wesentlich verbessert. Auch richtete man das Augenmerk nicht mehr ausschließlich auf Nutzpflanzen, sondern sammelte Pflanzenarten nun auch wegen ihres Schmuckwertes. Belgien entwickelte sich zur »Bromelien-Hochburg«. Es wurden eigens Pflanzensammler nach Amerika geschickt, um seltene und kostbare Arten zu beschaffen.

Ein bedeutender Bromelienforscher war der Belgier Eduard Morren (1833—1886). Er besaß nicht nur eine umfangreiche Sammlung lebender Bromelien, sondern sorgte gleichzeitig auch dafür, daß viele Pflanzenliebhaber die Artenvielfalt kennenlernten. Als Herausgeber der Gartenbauzeitschrift »Belgique horticole« veröffentlichte er 250 von ihm angefertigte Bromelienzeichnungen.

In Deutschland machte sich Karl Friedrich Philipp von Martius (1794—1868) einen Namen als Sammler. Drei Jahre verbrachte er in Brasilien und sammelte dort über 7000 Pflanzen, darunter auch viele Bromelien. Auch Alexander von Humboldt (1769—1859), der gemeinsam mit Aimé Bonpland (1779—1858) eine Expedition durch Zentral- und Südamerika durchführte, Diedrich von Schlechtendal und Adelbert von Chamisso müssen in diesem Zusammenhang genannt werden.

Der französische Gartenarchitekt Edouard André (1840—1911), der ebenfalls als Sammler in Südamerika unterwegs war, veröffentlichte seine Entdekkungen vor allem in der Zeitschrift »Revue horticole«. Es wären noch viele andere zu nennen, die dazu beigetragen haben, die tropische und subtropische Pflanzenwelt zu erforschen.

Das steigende Interesse an Bromelien wird auch anhand der Inventarlisten des schon damals berühmten Royal Botanic

Garden in Kew (England) deutlich. Im Jahr 1789 werden sechs Bromelienarten verzeichnet, im Jahr 1887 stehen bereits 252 Arten zu Buche. *Guzmania lingulata* ist mit dem Einführungsjahr 1776 die erste Bromelie, die als Schmuckpflanze kultiviert wurde. Noch heute sind sowohl die Art als auch etliche Hybriden häufig angebotene Pflanzen.

Die züchterische Bearbeitung der Bromelien begann Ende des 19. Jahrhunderts mit den Gattungen *Billbergia* und *Vriesea*. Ihrer wenig dauerhaften Blüten wegen verschwanden die Billbergien alsbald, von Vrieseen sind heute noch zahlreiche Züchtungen erhältlich. Auch das Interesse an Zucht- und Ausleseformen von *Aechmea fasciata* ist ungebrochen.

Züchtung kann unterschiedliche Interessen verfolgen. Durch Kreuzung zweier verschiedener Arten, seltener Gattungen, entsteht eine Hybride, eine Pflanze mit anderen, neuen Eigenschaften. Der reinen Neugierde, was wohl aus einer Kreuzung entstehen könnte, steht die wissenschaftliche Züchtung gegenüber. Letztere versucht gezielt, Pflanzen mit bestimmten Eigenschaften durch Kreuzung geeigneter Eltern zu erhalten. Hier sind vor allem wirtschaftliche Interessen ausschlaggebend. Züchtungsziele sind kleine, kompakte Pflanzen, die durch ihren geringen Platzbedarf kostengünstig zu produzieren sind. Intensiv gefärbte, dauerhafte Blütenstände erhöhen zusätzlich die Attraktivität der Pflanzen.

Naturhybriden entstehen auf natürliche Weise am heimatlichen Standort der Pflanzen.

Die züchterische Bearbeitung der Gattung *Tillandsia* steckt noch in den Kinderschuhen. Auf dem Markt werden deshalb meist Arten, seltener Ausleseformen angeboten. In Belgien ist man seit einiger Zeit bemüht, kälteresistente Tillandsien einzukreuzen, um Sorten zu erhalten, die auch niedrige Temperaturen unbeschadet ertragen.

Linke Seite: Farb- und Formenvielfalt verschiedener Tillandsien

Artenschutz

Der Handel mit Tillandsien hat in den letzten Jahren sprunghaft zugenommen. Es sind vor allem die kleinen, sogenannten grauen Tillandsien, die etwa seit 1985 angeboten werden. Im Gegensatz zu ihren grünen Verwandten, besitzen die grauen Tillandsien dicht mit Saugschuppen bedeckte und dadurch grau gefärbte Blätter. Vor allem auf Steine aufgeklebt, gelangen diese Tillandsien in den Handel. Da die Nachfrage sehr groß, die Aufzucht der Pflanzen aus Samen aber langwierig ist, wird der Bedarf durch Wildpflanzen aus den Ursprungsländern – vor allem Mexiko und Mittelamerika – gedeckt. Deshalb sind bereits über 30 Arten in ihrem Lebensraum stark gefährdet.

Wichtigstes Exportland ist derzeit Guatemala, wobei 54 Prozent der Exportpflanzen – das entspricht etwa 79 Tonnen – für die Bundesrepublik Deutschland bestimmt sind. Etwa die Hälfte der Pflanzen stirbt schon während des Transportes, und auch die überlebenden gehen einem ungewissen Schicksal entgegen.

Auf die verschiedensten Unterlagen aufgeklebt, gelangen die meisten Tillandsien in den Handel. Durch unsachgemäße Behandlung sind sie oft schon tot, wenn sie gekauft werden. Leider werden auch immer wieder farbig besprühte Pflanzen angeboten, die eine solche Behandlung natürlich nicht überleben können.

Wenn wir eine Tillandsie kaufen, sollte sie nicht als »Wegwerfobjekt« behandelt werden. Selbst bei vielen anderen Pflanzenarten, die in Gärtnereien in großen Mengen angezogen werden, sollten wir uns das nicht leisten. Aber die Tillandsienzucht ist heute noch nicht in der Lage, Pflanzen, die nicht der Natur entstammen, in großen Mengen zu liefern. Deshalb sollte man sich über die Lebensweise der Tillandsien informieren. Nur so wird klar, welche Bedingungen wir den Pflanzen in der Kultur bieten müssen, um sie gesund und kräftig zu erhalten.

Glücklicherweise gibt es inzwischen Bestrebungen, Tillandsien aus Samen zu ziehen. Nach einer gewissen Anlaufzeit könnte so der gesamte Bedarf gedeckt werden. Eine andere Methode, die zwar umweltschonender ist, aber dem Artenschutz nicht voll gerecht wird, ist die Vermehrung durch Kindel. Dabei werden die Mutterpflanzen der Natur entnommen, und die Kindel sind in wenigen Monaten verkaufsfähig.

In Blumengeschäften, Gärtnereien und Gartencentern gängig: Tillandsien, aufgeklebt auf Steine

Gefährdete Arten

Nach den neuesten Daten des Bundesamtes für Ernährung und Forstwirtschaft sind folgende Tillandsienarten in ihrer Existenz gefährdet:

Tillandsia argentina C.H. Wright
T. atroviridipetala Matuda
T. balbisiana Rauh
T. brachyphylla Baker
T. cacticola L.B. Smith
T. califani Rauh
T. caput-medusae E. Morren
T. carminea Till
T. copanensis Rauh & Rutschmann
T. dexteri Luther
T. edithae Rauh
T. ehlersiana Rauh
T. filifolia Schlechtend. & Cham.
T. fuchsii W. Till
T. grazielae Sucre & Braga
T. hildae Rauh
T. hondurensis Rauh
T. ignesiae Mez
T. ixioides Griseb.
T. kammii Rauh
T. kautskyi Pereira
T. klausii Ehlers
T. magnusiana Wittmack
T. matudae L.B. Smith
T. nuptialis Braga & Sucre
T. oropezana L. Hromad.
T. plagiotropica Rohw.
T. plumosa Baker
T. pruinosa Swartz
T. reclinata Pereira & Martinelli
T. sprengeliana Klotzsch ex Mez
T. sucrei Pereira
T. tectorum E. Morren
T. werdermannii Harms
T. xerographica Rohw.
T. xiphioides Ker-Gawler
T. zecheri W. Till

Natürlich ist es eine zwiespältige Sache, einerseits gefährdete Arten aufzulisten und andererseits diese Arten zur Kultur zu empfehlen. Beim Kauf von Tillandsien sollte deshalb unbedingt darauf geachtet werden, daß es sich nicht um Wildpflanzen handelt. Wildpflanzen kann man an folgenden Merkmalen erkennen: oft unregelmäßig gewachsen; Blätter zum Teil beschädigt; Wurzeln, sofern vorhanden, mit Resten der ursprünglichen Unterlage; Reste organischen Materials in den Blattrosetten. Werden die Wildpflanzen jedoch einige Monate im Gewächshaus kultiviert, kann man sie kaum noch von Zuchtpflanzen unterscheiden.

Der Blütenstand von *Tillandsia punctulata.* Beschreibung Seite 73

Tillandsien botanisch betrachtet

Die Gattung *Tillandsia* ist nach dem schwedischen Botaniker Elias Tillands (1640—1693) benannt und umfaßt etwa 550 Arten. Keine andere Gattung in der Familie der Bromeliaceen ist so artenreich. Und jährlich kommen neu entdeckte Arten hinzu.

Heimat und Verbreitung

Tillandsien kommen überwiegend in Mittel- und Südamerika vor. Die geographische Verbreitung erstreckt sich vom südlichen Nordamerika bis nach Chile und Argentinien, ein riesiges Gebiet mit den unterschiedlichsten klimatischen Bedingungen, die den Tillandsien eine ungeheuere Anpassungsfähigkeit abverlangen. Ein kurzer Streifzug durch die verschiedenen Lebensräume der Tillandsien soll das veranschaulichen.

Beginnen wir in den **Sumpfgebieten** von Florida und Louisiana mit tropischen Temperaturen und sehr hoher Luftfeuchtigkeit. Das ist die Heimat von *Tillandsia balbisiana* und *Tillandsia usneoides*. Letztere wird auch Louisiana- oder Spanisches Moos genannt. Eine erstaunliche Pflanze, die völlig wurzellos in dichten Strängen von Bäumen oder auch Telegraphendrähten herabhängt. Die bei uns heimische Flechte *Usnea*, die als Namensgeber diente, ist ihr im Aussehen ähnlich.

Mexiko, Mittelamerika und die westlichen Staaten Südamerikas werden von hohen Gebirgszügen beherrscht. Durch die vertikale Gliederung, von Meeresniveau bis über 6000 m Höhe, sind hier auf relativ kleinem Raum verschiedenste Klimate und damit verschiedenste Lebensräume anzutreffen.

Bis etwa 800 m Höhe siedelt sich ein immergrüner, tropischer **Regenwald** an, wo zum Beispiel *Tillandsia leiboldiana* und *T. flabellata* zu Hause sind. Oberhalb 800 m Höhe erstrecken sich kühlere Bergwälder, die schließlich in **Nebelwälder** (ab 1000 m) übergehen. Verbreitet

Tillandsia usneoides **in ihrem natürlichen Lebensraum, hier in Kolumbien. Beschreibung Seite 83**

sind hier *Tillandsia tricolor, T. juncea, T. butzii, T. chaetophylla* und *T. recurvata*. Innerandine, tief eingeschnittene Trokkentäler und **Hochsteppen** in 4000 m Höhe schließen die Zonierung ab. In dieser Höhenlage kann die Nachttemperatur auf −15 °C abfallen. Die Pflanzen, etwa *T. capillaris* und *T. pedicellata*, überstehen den Frost nur, weil gleichzeitig eine absolute Trockenheit herrscht. Ein Versuch, Tillandsien in unserem Klima draußen überwintern zu wollen, würde deshalb unweigerlich fehlschlagen.

Östlich der Kordilleren erstreckt sich das große Amazonasbecken, das von tropischem Regenwaldklima geprägt wird.

Nebelwald in Peru

Trotz der ungeheueren Pflanzenvielfalt, die dieses Gebiet hervorbringt, gibt es hier relativ wenig Bromelien.

Eine interessante Region findet sich westlich der Kordilleren. Es ist ein schmaler Streifen Sandwüste, der Peru durchzieht und sich in Chile in der Atacama-Wüste fortsetzt. Es handelt sich um eine sogenannte **Kaltluft- oder Nebelwüste**. Eine dicke Nebeldecke lagert von April bis Oktober auf dem Küstenstreifen und bringt die lebensnotwendige Feuchtigkeit. Ab November beginnt die heiße Jahreszeit, in der die Sonne vom wolkenlosen Himmel brennt. Trotz dieser extremen Lebensbedingungen haben sich auch hier Tillandsien angesiedelt. Die Wüstentillandsien, beispielsweise *Tillandsia paleacea* und *T. latifolia*, liegen in dichten Strängen dem nackten Sand auf. Ihre Sproßspitzen sind alle seewärts gerichtet, denn von der See her weht der feuchtigkeitsbeladene Wind.

Epiphytische Lebensweise

Ein Charakteristikum vieler Tillandsien ist ihre epiphytische Lebensweise. Das heißt, daß sie anderen Pflanzen, meist Bäumen, aber auch Kakteen, aufsitzen, ohne sie zu schädigen. Tillandsien sind also keinesfalls Schmarotzerpflanzen wie beispielsweise unsere heimische Mistel. Irreführenderweise werden sie aber von den Indios *parasitos* genannt.

Eine epiphytische Lebensweise bringt für die Pflanzen gewisse Vorteile mit sich. Vor allem erhalten sie in den Baumwipfeln mehr Licht als in der schattigen Bodenvegetation des Regenwaldes. Daher geht man davon aus, daß die Epiphyten der Savannenwälder aus denen des Regenwaldes hervorgegangen sind. Epiphyten weisen bestimmte Anpassungen auf, die ihnen eine solche Lebensweise ermöglichen, vor allem im Bereich der Ernährung und Befestigung. Die Wasserversorgung spielt dabei eine zentrale Rolle. Bromelien sind in der Lage, Regenwasser zu speichern (Trichterbromelien) oder mit

Tillandsia latifolia **in der peruanischen Küstenwüste. Beschreibung Seite 64**

wenig Wasser, auch in Form von Nebel und Tau, auszukommen und dies rasch aufzunehmen (graue Arten).

Ähnliche Anpassungen zeigen auch felsbewohnende, sogenannte saxicole Pflanzen. Terrestrische, also im Boden wurzelnde Arten, gibt es ebenfalls bei Tillandsien, doch wachsen die meisten Arten dieser Gattung epiphytisch.

Vor allem die epiphytische oder saxicole Lebensweise macht die Tillandsien für den Handel so attraktiv. Eine Pflanze, die ohne »schmutzmachende« Erde auskommt, scheint ein idealer Hausgenosse zu sein. Aber gerade solche an extreme Lebensbedingungen angepaßte Pflanzen verlangen eine aufmerksame Pflege.

Bauplan der Tillandsien

Was zunächst auffällt ist die unterschiedliche Größe der Arten. Von kleinen, moosähnlichen Arten wie *Tillandsia bryoides* bis zu den fast mannshohen Blattrosetten von *T. rauhii* oder *T. grandis* gibt es alle Zwischenstufen. Im Handel erhältlich sind meist nur kleine und mittelgroße Arten, die gut im Zimmer oder Kleingewächshaus unterzubringen sind.

Grundsätzlich sind Tillandsien mehrjährige bis ausdauernde Stauden. Nach Erlangung der Blühreife beschließt die Pflanze ihr Wachstum mit der Ausbildung eines Blütenstandes. Nicht immer werden in der Kultur Samen ausgebildet. Nach der Blüte, beziehungsweise nach der Samenreife, stirbt die Mutterpflanze allmählich ab, doch entstehen in den Blattachseln Kindel. Die Kindel sind Fortsetzungs- oder Seitensprosse, die wie Kopfstecklinge zur Vermehrung verwendet werden (siehe Seite 28).

Wuchsform und Blätter

Die Länge des Sprosses ist ausschlaggebend für das Erscheinungsbild der Pflanzen. Verlängerte Sproßglieder haben zum Beispiel *Tillandsia duratii, T. paleacea* und vor allem *T. usneoides*. Ist der Sproß gestaucht, so stehen die Blätter in einer Rosette beisammen. In diesem Fall sind als spezielle Formen die Zisternen- oder Trichtertillandsien und die Zwiebeltillandsien zu erwähnen.

Die **Zisternentillandsien** leben epiphytisch, wachsen an Felswänden oder terrestrisch, also im Boden wurzelnd. Die basalen Teile ihrer Blätter, die Blattscheiden, überdecken sich und liegen so dicht aufeinander, daß ein Behälter gebildet wird. Auf diese Weise ist es den Pflanzen möglich, große Mengen an Regenwasser zu speichern. Diese »Miniatur-Teiche«, die sich oftmals hoch oben in den Wipfeln der

Bäume befinden, dienen vielen anderen Pflanzen und Tieren als Lebensraum. Einige Tierarten, zum Beispiel Frösche, haben sich sogar auf bestimmte Tillandsienarten spezialisiert.

Zwiebeltillandsien wachsen ausschließlich epiphytisch. Scheinzwiebeln entstehen durch die starke Wölbung der verbreiterten Blattscheiden, so daß im Inneren der »Zwiebel« Hohlräume entstehen. Nicht selten werden solche Hohlräume von Ameisen besiedelt, wie das bei *Tillandsia butzii* und *T. caput-medusae* der Fall ist. Eine echte Zwiebel entsteht, wenn die Blattscheiden als Wasserspeicher fungieren. Beispiele hierfür sind *T. fuchsii* und *T. filifolia*.

Die Blätter der Tillandsien sind, wie bei den oben beschriebenen Rosettenpflanzen, meist spiralig angeordnet. Eine zweizeilige Blattstellung finden wir bei *T. recurvata* und *T. usneoides*.

Die Blätter oder auch nur die Blattscheiden sind mehr oder weniger dicht von Saugschuppen bedeckt, die der Wasser- und Nährstoffaufnahme dienen (siehe Seite 20).

Funktionsfähige Wurzeln sind nur bei den terrestrisch lebenden Arten ausgebildet. Bei epiphytischen oder felsbesiedelnden Tillandsien dienen sie fast ausschließlich zur Verankerung auf der Unterlage.

Zwiebelbildung bei Tillandsien

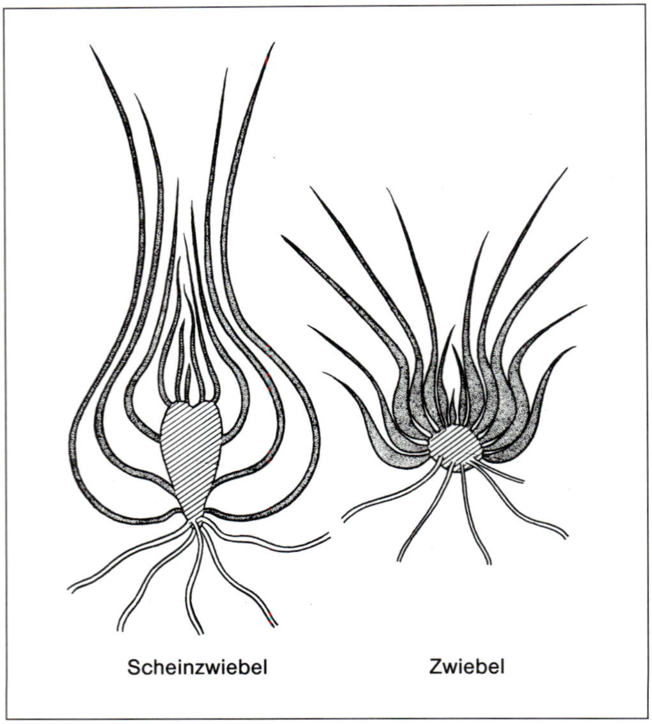

Blütenstände und Blüten

Jede Tillandsie bildet in ihrem Leben nur einen Blütenstand in der Rosettenmitte beziehungsweise am Sproßende aus. Eine Ausnahme machen lediglich *Tillandsia complanata* und *T. multicaulis*, die beide mehrere seitenständige Infloreszenzen entwickeln.

Bei den einfachen Blütenständen sitzen die Blüten in den Achseln von Deckblättern. Bei zusammengesetzten Blütenständen sitzen Blütenstände in den Achseln von Tragblättern. Je nachdem, ob die Blüten gestielt oder ungestielt sind, unterscheidet man Trauben und Ähren. Eine häufige Form des Blütenstandes ist das Schwert, eine Ähre, deren Deckblätter dicht übereinander liegen; man spricht auch von dachziegelartiger oder imbrikater Anordnung. Entsprechend gibt es auch Blütenstände, die aus mehreren Ähren oder Trauben bestehen.

Die Auffälligkeit der Infloreszenz wird oft durch eine kontrastreiche Färbung von

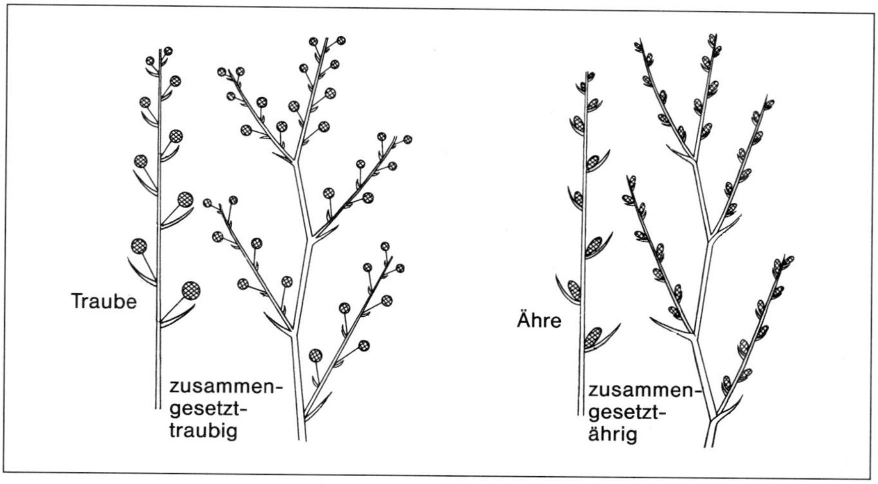

Linke Seite oben: Zisternentillandsie mit wassergefüllter Blattrosette

Links: Die verschiedenen Blütenstände

Unten: Blütenstände mit dachziegelartiger Anordnung der Deckblätter

Deckblättern und Blüten bewirkt. Aber auch Tragblätter und innere Rosettenblätter können gefärbt sein. Die Kombinationsmöglichkeiten und Farben sind vielfältig.

Die Blüten der Tillandsien sind relativ einfach gebaut. Stets sitzen sie in den Achseln von Deckblättern. Auf einen äußeren Kreis von drei Kelchblättern folgen, versetzt zu diesen, drei Blütenblätter, dann zwei Kreise von je drei Staubblättern und schließlich drei miteinander verwachsene Fruchtblätter, die den vom Griffel gekrönten Fruchtknoten bilden. Meist stehen die Blütenblätter röhrenförmig beisammen, seltener sind sie tellerförmig ausgebreitet wie bei *Tillandsia cyanea* oder *T. lindenii*, die gleichzeitig die größten Tillandsienblüten besitzen. Duftende Blüten sind selten. Nach Levkojen riechen *T. hamaleana* und *T. cacticola, T. xiphioides* duftet zitrusähnlich.

Doch obwohl die Einzelblüte oft recht klein ist und auch die Blütezeit vielfach einen Tag nicht überdauert, stellt der Blütenstand insgesamt eine attraktive Erscheinung dar, manchmal eine Zierde für Wochen.

Oft kontrastieren Kelch- und Blütenblätter in ihren Farben. Werden die Kelchblätter aber von den Deckblättern überragt, sind letztere auffallend gefärbt. Die Bestäubung solch farbenprächtiger Blüten wird meist von Kolibris vollzogen.

Staubblätter und Griffel können aus der Blüte herausragen oder eingeschlossen sein. Diese Merkmale dienen dazu, verschiedene Untergattungen (siehe Seite 22) zu unterscheiden. Die Filamente

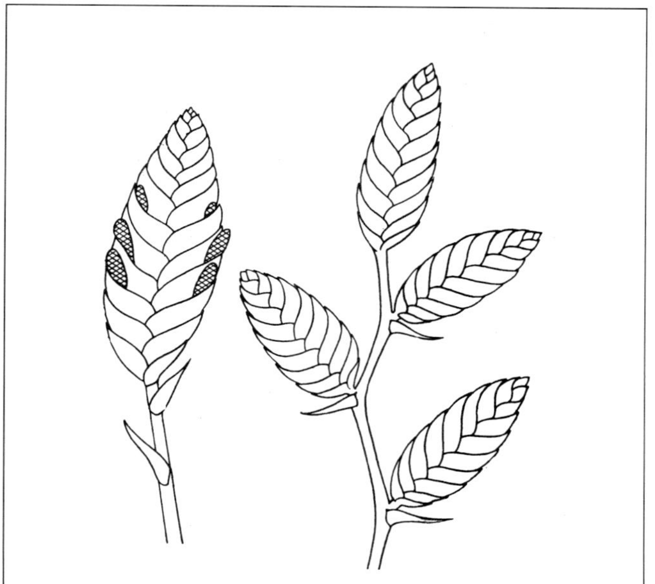

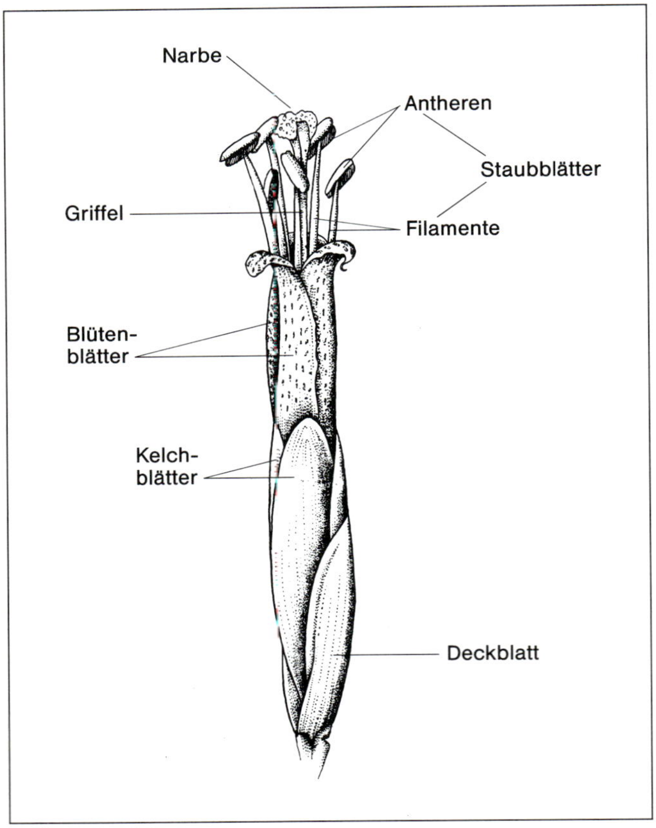

Oben: Blüte einer Tillandsie

Rechts: Fruchtstand von *Tillandsia fasciculata* mit reifen Samen. Beschreibung Seite 57

Rechte Seite oben: Saugschuppe in Aufsicht (oben), im Längsschnitt in gequollenem Zustand (Mitte) und in trockenem Zustand (darunter)
Rechte Seite unten: Saugschuppen von *Tillandsia tectorum*

der Staubblätter sind meist gerade. In der Untergattung *Anoplophytum* dagegen sind sie gefaltet, ähnlich, aber nicht so stark, wie bei einer Ziehharmonika.

Früchte und Samen

Die Ausbildung von Früchten erfolgt in der Kultur nicht immer. Einige der kleinwüchsigen Arten wie *Tillandsia recurvata* und *T. capillaris* erzeugen ohne alles Dazutun keimfähigen Samen. Bei vielen anderen Tillandsienarten benötigt man zwei blühende Pflanzen verschiedener Herkunft, die dann gegenseitig bestäubt werden. Geduldige und experimentierfreudige Pflanzenliebhaber können auch mit zwei verschiedenen Arten eine Kreuzbestäubung vornehmen und so eine Hybride erhalten. Die Anzucht aus Samen (vergleiche Seite 29) ist nicht schwierig, erfordert aber Geduld, da etliche Jahre vergehen können, bis die Pflanzen zur Blüte gelangen.

Die Tillandsienfrüchte sind Kapseln, die zur Reifezeit aufspringen. Die sehr kleinen, spindelförmigen Samen sind mit einer Art Fallschirm ausgestattet, der bei reifen Samen und trockener Luft auseinanderspreizt und so den Samen mit der Luftströmung transportieren kann.

Die Enden des aus Zellreihen bestehenden Flugschirmes sind krallen- oder hornförmig ausgebildet und somit bestens geeignet, den Samen auf einer Unterlage zu verankern.

Bau der Saugschuppen

Ein Charakteristikum der gesamten Familie der Bromelien sind die Saugschuppen. Durch sie sind die Pflanzen in der Lage, Wasser und darin gelöste Nährstoffe aufzunehmen. Die Wurzeln dienen nur noch als Haftorgane, so daß auch wurzellose Arten lebensfähig sind.

Nach der Dichte, in der die Schuppen die Blätter bedecken, unterscheidet man grüne und graue Tillandsien. Bei den grünen Tillandsien befinden sich die Saug-

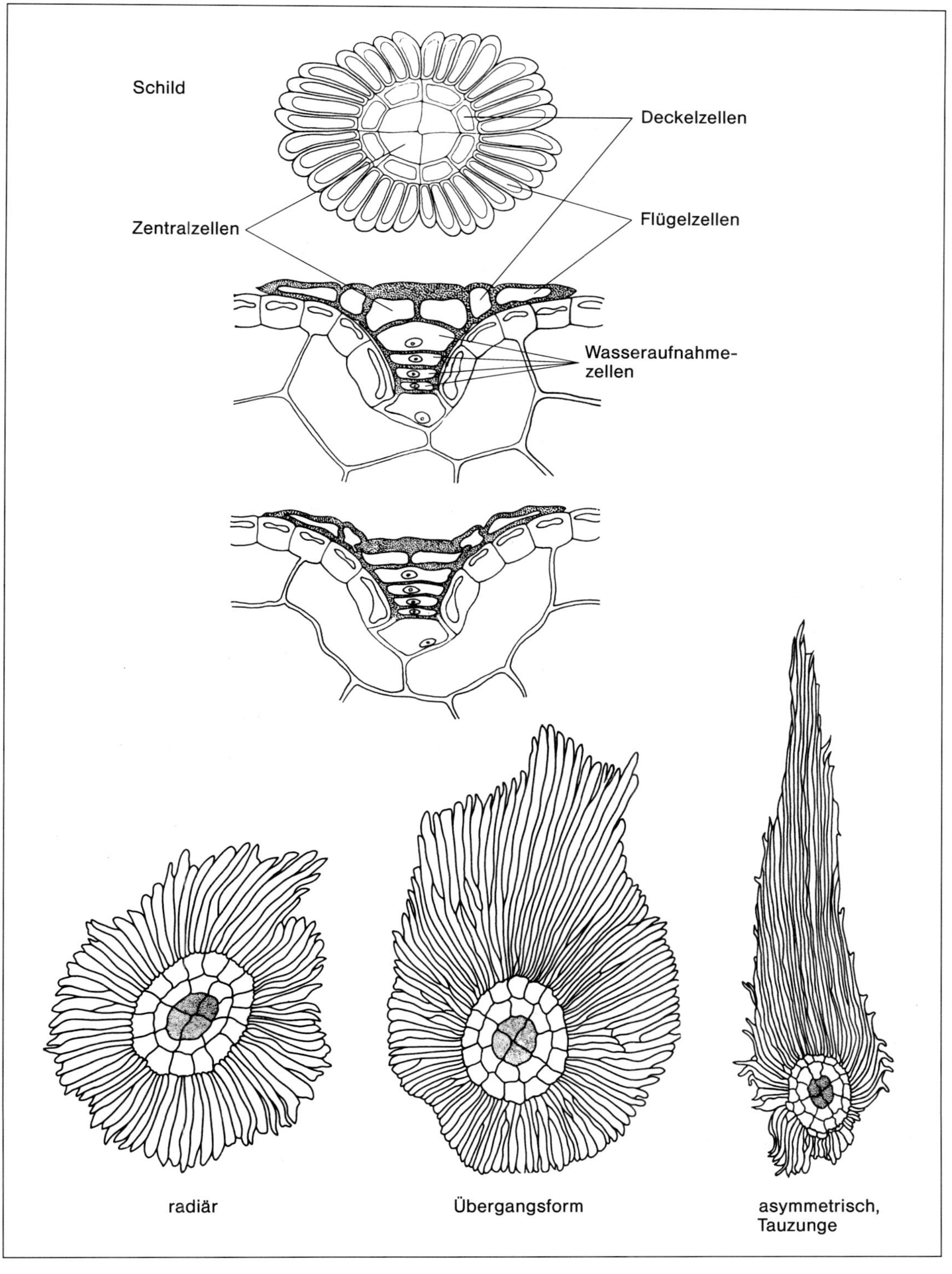

Schild
Deckelzellen
Zentralzellen
Flügelzellen
Wasseraufnahme-
zellen
radiär
Übergangsform
asymmetrisch,
Tauzunge

schuppen hauptsächlich auf den Blattscheiden. Hierher gehören alle Zisternentillandsien. In ihrem Lebensraum erhalten sie das notwendige Wasser in Form von Regen, das in der Rosettenmitte gespeichert wird. Die Schuppen auf den Blattscheiden liegen also unterhalb des Wasserspiegels und können so den Wasserhaushalt der Pflanze steuern.

Bei den grauen Tillandsien sind die Blätter beiderseits sehr dicht mit Schuppen bedeckt, so daß sie nicht grün, sondern grau erscheinen. Das will nicht etwa heißen, daß die Schuppen selbst grau sind, vielmehr handelt es sich um ein physikalisches Phänomen: bei Trockenheit schließen die Schuppen sehr viel Luft zwischen sich ein, wodurch das Licht total reflektiert wird. Benetzt man die Pflanze, so schimmert das grüne Assimilationsgewebe der Blätter durch den Schuppenbesatz hindurch.

Durch die dichte Beschuppung ist es den Pflanzen möglich, Wasser auch in Form von atmosphärischer Feuchtigkeit (Nebel und Tau) aufzunehmen. Sie werden deshalb auch als atmosphärische Tillandsien bezeichnet.

Die Schuppen bestehen aus einem Schild (aus toten Zellen gebildet), der die Feuchtigkeit wie ein Löschblatt ansaugt und an die Wasseraufnahmezellen (lebende Zellen), die wie der Stift eines Reißnagels in das Blattgewebe eingesenkt sind, weitergibt. Die Schuppen sind in den meisten Fällen radiär gebaut, doch gibt es auch stark asymmetrische. Letztere werden auch als »Tauzungen« bezeichnet, die gleichsam durch ihre vergrößerte Oberfläche mehr Luftfeuchtigkeit »auflecken« können.

Merkmale und Systematik

Tillandsien lassen sich durch folgende Merkmale von anderen Gattungen der Familie unterscheiden:

- Die Blätter sind ganzrandig, also ohne Stacheln und Zähnchen.
- Ihre Blütenblätter sind untereinander frei und nicht verwachsen. Im Gegensatz zur nahe verwandten Gattung *Vriesea* besitzen sie auch keine Schüppchen an der Basis.
- Der Fruchtknoten sitzt bei Tillandsien oberständig; aus diesem entwickelt sich eine Kapselfrucht.
- Die kleinen, spindelförmigen Samen tragen eine Art Fallschirm, der im Vergleich zur Gattung *Catopsis* gerade und nicht gefaltet ist.

Innerhalb der Gattung *Tillandsia* gibt es eine weitere Aufteilung in sieben Untergattungen.

1. Allardtia. Staubblätter kürzer oder so lang wie die Blütenblätter. Filamente gerade; Griffel schlank, viel länger als der Fruchtknoten.

2. Anoplophytum. Staubblätter so lang wie die Blütenblätter. Filamente oft stark gefaltet; Griffel dünn, länger als der Fruchtknoten

3. Phytarrhiza. Staubblätter kürzer als die breiten Blütenblätter. Griffel kurz und dick.

4. Diaphoranthema. Staubblätter kürzer als die schmalen Blütenblätter. Griffel kurz und dick.

5. Tillandsia. Blütenblätter aufrecht. Staubblätter und Griffel aus der Blüte herausragend.

6. Pseudalcantarea. Blütenblätter spreizend, weich, bald schlaff hängend. Staubblätter und Griffel aus der Blüte herausragend.

7. Pseudo-Catopsis. Kelchblätter asymmetrisch, sehr klein. Staubblätter und Griffel in der Blüte eingeschlossen.

Die Gattung *Tillandsia* ist nun mit vielen Merkmalen beschrieben worden, doch soll noch kurz ihre Stellung innerhalb der Familie der Bromeliaceae dargestellt werden.

Die Familie gliedert sich in drei Unterfamilien: die Pitcairnioideae, Tillandsioideae und Bromelioideae.

Die Unterfamilie der Pitcairnioideae besteht aus 15 Gattungen. Es sind meist bodenbewohnende Arten mit mehr oder weniger geflügelten Samen. In Kultur sind vor allem folgende Gattungen: *Abromeitiella, Dyckia, Pitcairnia* und *Puya*. Dabei handelt es sich vorwiegend um Arten aus Trockengebieten, so daß sie zusammen mit Kakteen kultiviert werden können.

Den Tillandsioideae gehören nur die Gattungen *Catopsis, Glomeropitcairnia, Guzmania, Mezobromelia, Tillandsia* und *Vriesea* an. Wichtige Kulturpflanzen finden wir in den Gattungen *Guzmania, Tillandsia* und *Vriesea*.

Eine sehr vielgestaltige Unterfamilie sind die Bromelioideae mit 28 Gattungen. Die Blätter dieser Pflanzen sind mehr oder weniger bestachelt und es werden Beerenfrüchte ausgebildet. Für die Kultur kommen die Gattungen *Aechmea, Ananas, Billbergia, Cryptanthus, Neoregelia, Nidularium* und *Orthophytum* in Frage.

Die Familie der Bromeliaceae und ihre Gattungen

Bromeliaceae

Pitcairnioideae	Tillandsioideae	Bromelioideae
Abromeitiella	*Catopsis*	*Acanthostachys*
Ayensua	*Glomeropitcairnia*	*Aechmea*
Brewcaria	*Guzmania*	*Ananas*
Brocchinia	*Mezobromelia*	*Andrea*
Conellia	*Tillandsia*	*Androlepis*
Cottendorfia	*Vriesea*	*Araeococcus*
Deuterocohnia		*Billbergia*
Dyckia		*Bromelia*
Encholirium		*Canistrum*
Fosterella		*Cryptanthus*
Hechtia		*Fascicularia*
Navia		*Fernseea*
Pitcairnia		*Greigia*
Puya		*Hohenbergia*
Steyerbromelia		*Hohenbergiopsis*
		Lymania
		Neoglaziovia
		Neoregelia
		Nidularium
		Ochagavia
		Orthophytum
		Portea
		Pseudaechmea
		Pseudananas
		Quesnelia
		Ronnbergia
		Streptocalyx
		Wittrockia

Kultur, Pflege und Vermehrung

Die wichtigsten Faktoren für die Versorgung einer Pflanze sind Wasser, Licht und Temperatur.

Wie im vorigen Kapitel ausführlich dargelegt, kann man grundsätzlich zwei Gruppen von Tillandsien unterscheiden: die grünen und die grauen oder atmosphärischen. Natürlich ist der Übergang fließend. Entsprechend ist für solche Arten ein Mittelweg für die im nachfolgenden beschriebenen Kulturmaßnahmen zu wählen. Ein Grundrezept kann ohnehin nicht gegeben werden. Mit der Zeit findet jeder Pflanzenliebhaber selbst heraus, wie seine Pflanzen am besten gedeihen.

Licht und Temperatur

Auch hinsichtlich der Lichtverhältnisse unterscheiden sich grüne und graue Tillandsien in ihren Ansprüchen erheblich. Grüne Arten bevorzugen schattige Bereiche, graue Tillandsien sind für einen vollsonnigen Platz dankbar. Bei unseren mitteleuropäischen Verhältnissen mit dunklen Wintertagen sind jedoch einige Veränderungen vorzunehmen. Die grauen, lichthungrigen Arten sollten im Winter den hellsten und sonnigsten Platz bekommen. Auch die grünen Tillandsien können in dieser Jahreszeit einen sonnigen Standort erhalten. Ab März ist jedoch Vorsicht geboten, denn die jetzt schon recht kräftige Sonne verbrennt sonst unsere Pflanzen. Eine Schattierung, zunächst auch bei den grauen Arten, ist notwendig.

Optimal ist in den Wintermonaten natürlich eine Zusatzbelichtung für die grauen Arten mit einer Pflanzenleuchte.

Die **Temperaturansprüche** liegen bei den grünen Tillandsien ganzjährig bei 20 bis 22 °C. Auch höhere Temperaturen werden bei ausreichender Wasserversorgung nicht übelgenommen. Bei zu niedrigen Temperaturen kommt es zu einer Auskühlung des wassergefüllten Trichters und die Pflanzen beginnen zu faulen.

Bei den grauen Tillandsien ist eine Ruhezeit einzuhalten. Das heißt, in den Wintermonaten kultivieren wir die Pflanzen bei etwa 15 °C und halten sie auch trockener. Im Sommer kann man graue Tillandsien bei uns auch sehr gut im Freien, auf Balkon, Terrasse oder im Garten kultivieren. Ein Absinken der Nachttemperaturen im Herbst auf 6 bis 8 °C schadet den Pflanzen nicht. Eher das Gegenteil ist der Fall, denn scheint tagsüber die Sonne wird durch die Temperaturdifferenz die natürliche Taubildung begünstigt, und die Pflanzen sind dadurch ähnlichen Bedingungen ausgesetzt wie in ihren Heimatgebieten. Nur bei kühl-feuchtem, trübem Wetter und natürlich vor den ersten Nachtfrösten, muß man die Tillandsien ins Winterquartier bringen.

Zusammenfassend ist noch einmal zu sagen, daß Tillandsien entsprechend ihrem natürlichen Lebensraum zu kultivieren sind. Die grünen Tillandsien sind im tropischen Regenwald mit ganzjährig hohen Temperaturen und regelmäßigen Niederschlägen zu Hause, wobei sie zusätzlich vom Blätterdach der Baumkronen beschattet werden. Für die Zimmerkultur heißt das: regelmäßig gießen, gleichbleibende Temperaturen um 22 °C, im Sommer Schatten und im Winter einen helleren Standort.

Graue Tillandsien sind Bewohner von Savannen, Berg- und Nebelwäldern. Das bedeutet Trockenperioden und zum Teil auch größere Temperaturschwankungen.

Deshalb kultivieren wir im Winter relativ kühl und trocken, im Sommer dagegen sorgen wir mit viel Besprühen bei höheren Temperaturen für eine hohe Luftfeuchtigkeit. Außerdem sollte für graue Tillandsien ein ganzjährig heller Standort gewählt werden.

Bewässerung

Die Wasserversorgung ist nicht nur vom Tillandsien-Typ abhängig, sondern auch von der herrschenden Temperatur beziehungsweise der Jahreszeit.

Für die grünen Arten ist eine gleichmäßige Durchfeuchtung wichtig. Der Wurzelballen sollte nie ganz austrocknen, aber auch keiner Staunässe ausgesetzt sein. Außerdem ist darauf zu achten, daß die Trichter der Zisternentillandsien ständig mit Wasser gefüllt sind. Ein Verfaulen ist nicht zu befürchten, da die Pflanzen dagegen einen Schutz entwickelt haben. Sind die Trichter längere Zeit ohne Wasser, so rollen sich die Blätter ein. Bei rechtzeitigem Erkennen erholen sich die Pflanzen wieder, jedoch nur langsam.

Die grauen Tillandsien, die epiphytisch kultiviert werden, erhalten das notwendige Wasser durch Besprühen oder durch Tauchen der gesamten Pflanze, was aber nur in Ausnahmefällen zu empfehlen ist. Entsprechend den Gegebenheiten in ihrem natürlichen Lebensraum – teilweise hohe Luftfeuchtigkeit, Nebel, nächtliche Taubildung – sollten die Pflanzen morgens und abends besprüht werden. Eine erhöhte Luftfeuchtigkeit wirkt sich ebenfalls positiv auf die Pflanzen aus. Allerdings darf die Luft nicht zu stickig werden. Eine Belüftung, die Luftzirkulation bewirkt, kann Abhilfe schaffen. Viele Arten kommen ohne gute Luftzirkulation überhaupt nicht aus. Zwischen dichten Polstern oder bei Arten mit dichtem Blattwerk, kann sich Staunässe bilden, die bei atmosphärischen Tillandsien zu Fäulnis führt. Deshalb müssen solche Pflanzen von der letzten Bewässerung bis zur nächsten vollkommen abgetrocknet sein.

Sind die Pflanzen einmal ausgetrocknet, so können sie auch ganz ins Wasser getaucht werden. Danach ist für eine gute Luftzirkulation zu sorgen.

Zum Gießen oder Sprühen sollte kein kalkhaltiges Wasser benutzt werden, da sonst die Saugschuppen verkrusten und damit funktionslos werden. Gut eignet sich Regenwasser. Es sollte allerdings bedacht werden, daß Regenwasser Schadstoffe enthalten kann, vor allem in der Nähe von Industrieanlagen. Wer Regenwasser aus diesem Grunde nicht verwenden will oder aber keine Möglichkeit hat, solches aufzufangen, kann Leitungswasser verwenden, sofern es nicht zu hart ist. Die Härte des Wassers wird durch den Gehalt an Kalzium- und Magnesiumverbindungen verursacht und in °dH (Grad deutscher Härte) gemessen. Bis 8 °dH ist das Wasser weich, bis 12 °dH mittelhart und ab 12 °dH hart (die Skala reicht bis 100 ° dH). Über den Härtegrad des Wassers kann man sich beim zuständigen Wasserwerk informieren.

Eine Verbesserung von zu hartem Leitungswasser kann durch eine einfache Entkalkung erfolgen, indem man ein mit Torf gefülltes Säckchen in die wassergefüllte Gießkanne hängt. Der Torf bindet den Kalk weitgehend und muß nur von Zeit zu Zeit aufgefrischt, das heißt ausgetauscht werden. Selbstverständlich muß der verwendete Torf ungekalkt sein.

Destilliertes Wasser eignet sich nicht so gut zum Gießen beziehungsweise Sprühen, da es keine Nähr- und Mineralstoffe mehr enthält.

Wichtig ist auch die Temperatur des Gießwassers. Es sollte die gleiche Temperatur haben wie die Luft des Kulturraumes. Man darf also niemals eiskaltes Wasser auf sonnenheiße Pflanzen sprühen.

Düngung

Wie bei allen anderen Kulturpflanzen ist auch bei Tillandsien hin und wieder eine Düngung notwendig. Doch ist ihr Nährstoffbedarf relativ gering.

Die grauen Tillandsien sollten während der Ruhezeit nicht gedüngt werden, erst mit Beginn der neuen Wachstumsperiode. Dazu wird Flüssigdünger ins Wasser gegeben, und die Pflanzen werden damit besprüht. Die Düngerkonzentration sollte etwas unter der angegebenen Verdünnungsempfehlung liegen.

Während der Vegetationszeit kann ein- bis zweimal pro Woche gedüngt werden. Für ein optimales Wachstum der Pflanzen spielt weniger die Düngerkonzentration als vielmehr die Häufigkeit der Düngung eine wichtige Rolle. Bei zu hoher Düngerkonzentration können Blattschäden auftreten, und bei zu häufigem Düngen werden die Pflanzen zu weich (mastig).

Bei den **grünen Tillandsien** muß die Nährstofflösung auch in den Trichter gegossen werden. Obwohl diese Pflanzen keine ausgesprochene Ruhephase haben, ist es besser, im Winter weniger zu düngen.

Tillandsien, grüne wie graue, düngt man »über das Blatt«. Die Nährstoffe werden von den Saugschuppen der Blätter aufgenommen. Die Wurzeln sind nur beschränkt oder überhaupt nicht mehr zur Nährstoffaufnahme befähigt.

Substrate

Für die **grauen Tillandsien** kommt vorwiegend eine epiphytische Kultur in Frage (siehe Seite 27). In Ausnahmefällen oder bei Schalenbepflanzungen werden sie in Substrat gesetzt. Dieses Substrat muß vor allem durchlässig und locker sein. Wer den Aufwand scheut, seine Substrate selbst zusammenzustellen, kann auf handelsübliche Mischungen zurückgreifen. Da im allgemeinen noch keine speziellen Substrate für Tillandsien angeboten werden, kann man bei den grauen Arten auf Kakteenerde ausweichen, die inzwischen überall erhältlich ist.

Hauptbestandteil des Substrates ist Sand. Besonders gut geeignet ist Quarzsand, wobei auch die Körnung eine wichtige Rolle spielt. Grundsätzlich sollte man eher grobkörnigen Sand vewenden, da staubfeine Anteile leicht zusammenbakken und so zu einer unerwünschten Verdichtung des Substrates führen. Dem Sand können verschiedene andere Bestandteile hinzugefügt werden.

Lavagrus und Bimskies, beides vulkanische Gesteine, werden in einer Körnung von 3 bis 7 mm verwendet. Sie dienen zur Lockerung des Substrates und können gleichzeitig Wasser speichern. Diese Eigenschaften besitzt auch Blähton, ein bei 1200 °C geblähter und gebrannter Ton. Er wird als Reinsubstrat für Hydrokultur verwendet. Ausschließlich zur Auflockerung des Substrates dient Styromull, ein verwitterungsfester Kunststoff.

Ein weiterer Bestandteil des Substrates ist Einheitserde oder eine entsprechende Mischung aus Humus, Lehm und Torf. Die Erde kann nicht nur Wasser, sondern auch Nährstoffe speichern.

Wüstentillandsien können auf reinem Sand kultiviert werden. Der Sand dient in diesem Fall nur als Pflanzenunterlage.

Je nach Verwendung und Pflanzenart können dem Sand die verschiedenen Zusätze in unterschiedlichen Anteilen beigemischt werden. So kann das Substrat aus gleichen Teilen Sand, Erde und Bimskies bestehen oder auch nur aus gleichen Teilen Sand und Lavagrus.

Alle trockenheitsresistenten Bromelien, die in der Heimat oft mit Kakteen vergesellschaftet sind, kann man in solche Substrate pflanzen. Dazu gehören beispielsweise *Dyckia* und *Abromeitiella*.

Ein ganz anderes Substrat benötigen die **grünen Tillandsien.** An ihren natürlichen Standorten wachsen sie wie ihre grauen Verwandten meist epiphytisch. In der Kultur aber ist die Topfpflanzung problemloser, da der Wurzelbereich so besser vor dem Austrocknen geschützt werden kann.

Wesentliche Bedingungen, die das Substrat erfüllen muß, sind Luftdurchlässigkeit, ein pH-Wert um 5,5 und ein geringer Salzgehalt.

Gut geeignet sind sogenannte Rindenkultursubstrate (RKS). Hauptbestandteil ist hier fermentierte Rinde, der andere substratfähige Stoffe beigemischt werden. Die im Handel erhältlichen RKS 0, RKS 1 und RKS 2 unterschieden sich vor allem in ihrem Salz- und Stickstoffgehalt. RKS 0 enthält am wenigsten Salz und Stickstoff und erweist sich daher am geeignetsten für grüne Tillandsien.

Ebenfalls empfehlenswert ist eine Mischung aus Weißtorf und Rindenkompost, der auch noch Nadelerde beigegeben werden kann. Allerdings wird der pH-Wert durch den Torf zu niedrig liegen, das heißt das Substrat ist zu sauer und muß durch Zusatz von Kalziumkarbonat neutralisiert werden. Um das Substrat luftiger und in gewissem Sinne wärmer zu machen, kann Styromull untergemischt werden.

Ein für grüne Bromelien verwendbares Substrat, das vielerorts angeboten wird, ist Orchideenerde. Viele Orchideen, ebenfalls Epiphyten, wachsen an gleichen oder ähnlichen Standorten wie grüne Bromelien. Das heißt, daß Rindensubstrate nicht nur für grüne Tillandsien, sondern auch für alle grünen Bromelien wie *Guzmania-*, *Vriesea-* und *Aechmea*-Arten geeignet sind.

Außerdem ist es möglich, die Pflanzen in Hydrokultur zu halten.

Umtopfen

Das Umtopfen der Pflanzen wird erst notwendig, wenn das Substrat ganz durchwurzelt ist. Je nach Pflanzenart ist das Wurzelsystem mehr oder weniger ausgeprägt. Epiphyten erzeugen nur wenige Wurzeln, die oft ihre Funktion als Aufnahmeorgan für Wasser und Nährstoffe verloren haben. Entsprechend brauchen sie nur kleine Töpfe. Arten, die im Boden wurzeln, besitzen ein funktionsfähiges Wurzelsystem und benötigen mehr Platz für den Wurzelballen. Der neue Topf sollte jedoch nur wenig größer als der alte sein. Ganz falsch wäre es, einen viel größeren Topf zu wählen, um sich für einige Jahre das Umtopfen zu ersparen. Auch sollte man darauf achten, die Pflanze nicht tiefer einzusetzen, als sie vorher gepflanzt war. Der Wurzelhals der Pflanze kann durchaus oberhalb des Substrates liegen. Eine Erleichterung für die Pflege ist es, den Topf nicht bis zum Rand mit Substrat aufzufüllen, sondern einen kleinen Gießrand zu lassen.

Wie bei allen anderen Pflanzen auch ist die günstigste Zeit zum Umtopfen das Frühjahr, d.h. also nach Beendigung der Ruhezeit und mit Beginn der Vegetationsperiode.

Epiphytische Kultur

Für die epiphytische Kultur hat sich folgende Methode bestens bewährt: Die Pflanzen werden mit Nylonbändern oder dünnem Kupferdraht auf Rebhölzern (auch Eichenholz eignet sich) festgebunden. Nylonbänder kann man sich leicht selbst herstellen, indem man ausgediente Feinstrumpfhosen quer zerschneidet. Rebhölzer sind deshalb zu empfehlen, da sie zum einen ein sehr dauerhaftes Holz liefern und zum anderen schön geformt sind. Ihre Haltbarkeit beträgt 5 bis 8 Jahre, die von Eichenholz nur etwa 2 bis 3 Jahre. Schält man die Borke der Rebhölzer ab, verlängert das ihre Haltbarkeit. Die Hölzer werden am oberen Ende durchbohrt, um einen Aufhängedraht befestigen zu können. Wer eine wissenschaftliche Sammlung aufbauen will, kann am Aufhängedraht noch eine Öse biegen, an der dann ein Etikett mit dem Namen und den Daten der aufgebundenen Pflanze angebracht wird.

Beim Aufbinden der Pflanzen ist darauf zu achten, daß sie ihre natürliche Wuchsrichtung einnehmen. Manche Arten werden deshalb nach unten hängend aufgebunden. Natürlich dürfen die Nylonbänder die Pflanzen hierbei nicht im Wachstum behindern. Man darf also niemals die Bänder durch das Rosettenzentrum führen.

Ein Umpflanzen ist nur dann erforderlich, wenn das Holz morsch oder die Pflanze für die Unterlage zu groß geworden ist.

Kleinwüchsige Arten oder Jungpflanzen, die zum Aufbinden zu klein sind, können auch mit Hilfe der Heißklebepistole auf den Hölzern fixiert werden. Wichtig ist hierbei, daß nicht der gesamte Wurzelhals der Pflanze in den Kleber getaucht wird. Auf diese Weise kann die Pflanze am nicht verklebten Teil noch Wurzeln bilden. Das Gewebe, das verklebt wird, stirbt dagegen ab. Verwendet man zuviel Kleber, der bis in das wachstumsfähige Rosettenzentrum vordringt, kann das zum Tod der Pflanze führen. Der Vorteil der Befestigung mit der Heißklebepistole ist, daß die Pflanzen sofort und gut haften. Es kann aber auch jeder andere gute Klebstoff verwendet werden, sofern die Pflanzen nicht einer großen mechanischen Beanspruchung ausgesetzt sind.

Aufbindung mit Nylonbändern

Epiphytisch kultiviert werden alle grauen Tillandsien, aber auch grüne Arten können auf Hölzer gebunden werden (siehe Seite 32).

Beeinflussung der Blütezeit

Sind die Pflanzen ausgewachsen und blühreif, kann man mit einem kleinen Trick die Blütenbildung gezielt herbeiführen. Die blütenauslösende Substanz ist Ethylengas, das beispielsweise von reifen Äpfeln abgegeben wird. Bei epiphytisch kultivierten Tillandsien hängt man einfach einen durchlöcherten Plastikbeutel mit einem reifen Apfel in die Pflanzen. Bei Topfpflanzen gibt man Stücke eines reifen Apfels in die Rosettenmitte und stülpt über Nacht einen Plastikbeutel darüber. Schon bald wird sich der Erfolg einstellen.

Vegetative Vermehrung

Tillandsien bilden Fortsetzungs- oder Seitesprosse, sogenannte Kindel, die wie Kopfstecklinge zur Vermehrung verwendet werden (siehe Seite 29). Kindel entstehen einzeln oder zu mehreren. Ist die Mutterpflanze verblüht, sollten die Kindel nicht gleich entfernt werden, denn die Mutterpflanze stirbt ganz allmählich ab und gibt die in ihr gelagerten Nährstoffe an die Kindel ab. Bei klumpen- oder rasenbildenden Arten bleiben die Mutterpflanzen oft noch jahrelang erhalten.

Beläßt man die Kindel lange genug an der Mutterpflanze, bewurzeln sie sich von selbst und können dann abgenommen und weiterkultiviert werden.

Die Form der Kindelbildung ist nun je nach Pflanzentyp verschieden. Bei stammbildenden Arten entstehen die Kindel unmittelbar an der Basis des Blütenstandes, um so das Sproßsystem fortzusetzen. Bei den Zisternentillandsien werden die Kindel in den Achseln der unteren

Rosettenblätter gebildet und sitzen der Achse dicht an.

Eine besondere Kindelbildung finden wir bei *Tillandsia prodigiosa, T. edithae* und anderen Arten, die lange vor der Blüte ein ganzes Büschel von Kindeln an der Basis der Sproßachse entwickeln. Die Kindel lassen sich leicht von der Mutterpflanze abnehmen und werden wie Sämlinge weiterkultiviert. Sie sind kleiner als normale Kindel, werden dafür aber in großer Anzahl gebildet.

Die vegetative Vermehrung ist vor allem für den Hobbygärtner von Bedeutung. Durch sie kann er seinen Pflanzenbestand sichern und erhält darüber hinaus einige Pflanzen zum Verschenken oder Tauschen. Bei Arten, die keine Samen ansetzen oder bei Zuchtformen ist es die einzige Möglichkeit der Erhaltung und Vermehrung, abgesehen von technisch aufwendigen in-vitro-Kulturverfahren (Gewebekulturen).

Generative Vermehrung

Die generative Vermehrung, das heißt die Vermehrung durch Samen, ist relativ einfach, erfordert aber viel Geduld. Vor allem bei den grauen Tillandsien vergehen einige Jahre, bis aus dem Sämling eine blühfähige Pflanze wird. Doch ist es durch Aussaat möglich, große Mengen an Pflanzen heranzuziehen.

Tillandsiensamen sind nur relativ kurze Zeit keimfähig. Beim Kauf sollte deshalb auf frisches Saatgut geachtet werden. Erhält man Samen zu einer ungünstigen Jahreszeit, oder hat man einfach keine Zeit für eine Aussaat, so kann man die Samen bei −18 °C tiefgefrieren. Versuche, die mit dieser Methode praktiziert wurden, verliefen recht erfolgreich.

Erntet man die Samen von eigenen Pflanzen, so müssen sie ganz ausgereift sein. Die Fruchtkapseln müssen so lange an der Pflanze bleiben, bis sie von selbst aufspringen. Die Flugschirme der Samen müssen glänzen und sich entfalten. Stumpfe, strohige Flugschirme sind ein Zeichen, daß die Samen nicht ausgereift und damit auch nicht keimfähig sind. Zu früh geerntete Fruchtkapseln reifen nicht nach.

Die Anzucht der **grünen Tillandsien** erfolgt in normalen Saatschalen, die wie bei anderen Aussaaten hergerichtet werden. Auf eine Dränageschicht kommt ein Torf-Sand-Gemisch, auf dem die Samen gleichmäßig verteilt werden. Als Lichtkeimer dürfen die Tillandsiensamen nicht bedeckt werden. Die Aussaat wird gut überbraust und bei 22 bis 25 °C an einen hellen Platz gestellt. Zur Desinfektion kann man sie mit einer Chinosol-Lösung (1:1000) übersprühen. Eine Abdeckung

Kindelbildung einer stammbildenden Art

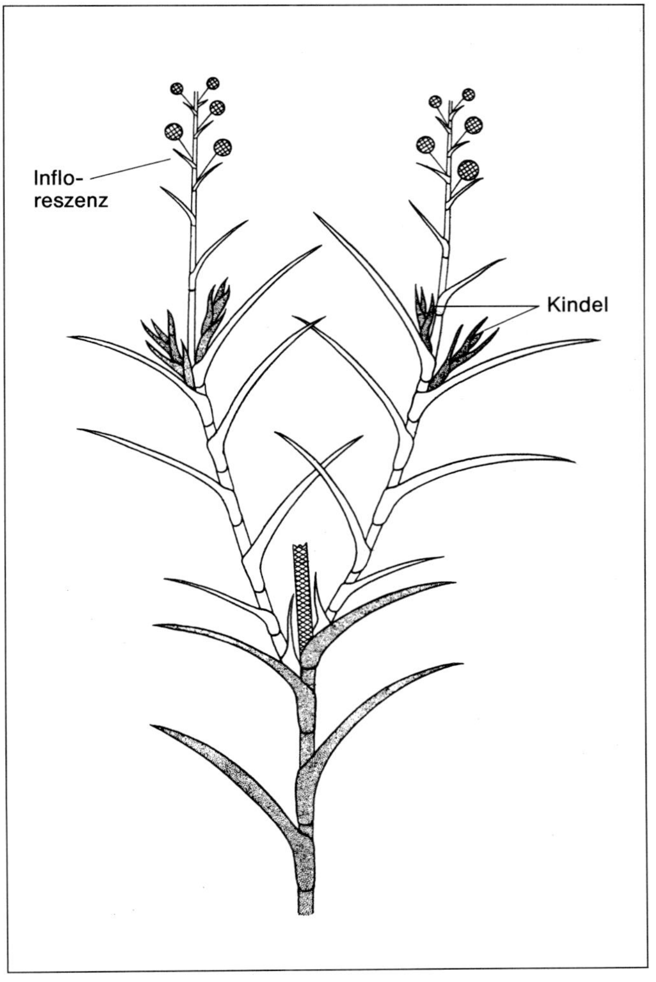

Sämlingskulturen: rechts die Aussaat, in der Mitte Sämlinge, links Jungpflanzen

mit einer Glasscheibe sorgt für eine ausreichend hohe Luftfeuchtigkeit. Schon nach wenigen Tagen setzt die Keimung ein. Leichte Schattierung und Belüftung sind jetzt notwendig. Später kann die Glasabdeckung ganz entfernt werden. Sind die Sämlinge groß und kräftig geworden, werden sie pikiert, das heißt in eine andere Schale umgesetzt, wobei die Pflanzen so dicht zusammengesetzt werden, daß sich ihre Blätter berühren. Je nach Art ist ein nochmaliges Pikieren nötig.

Die Anzucht der **grauen Tillandsien** erfolgt ihrer epihytischen Lebensweise gemäß direkt auf Rebhölzern. Um ein besseres Haften der Samen auf den Hölzern zu erzielen, werden die Rebhölzer mit *Thuja*- oder *Juniperus*-Zweigen ummantelt. Aber auch andere Methoden sind denkbar: Holzrähmchen, die mit Nylongewebe bespannt sind, mit Baumwollgaze umwickelte Hölzer, selbst Schaumstoff oder Filzmatten sind geeignet. Wichtig ist eine rauhe Oberfläche und eine Unterlage, die keine Staunässe zuläßt.

Die Samen werden gleichmäßig auf die vorbereiteten Hölzer oder Matten aufgebracht und gut besprüht. Im Prinzip werden die Sämlinge wie ältere Pflanzen kultiviert, jedoch werden sie häufiger besprüht und vor zu starker Sonne geschützt. Manchmal keimen die Samen auch spontan auf den alten, nicht abgeernteten Fruchtständen aus.

Krankheiten und Schädlinge

Generell kann man sagen, daß Tillandsien wenig anfällig für Schädlinge sind. Oftmals ist unzureichende Pflege der Grund für die Krankheit oder den Schädlingsbefall.

Bei den grauen Tillandsien nisten sich manchmal Grünalgen auf den Blättern zwischen den Saugschuppen ein. Eine Schädigung der Pflanze ist jedoch nicht zu befürchten. Die Ursache ist eine Kultur in zu feuchter Luft. Wenn man die Pflanzen an die Sonne hängt und für gute Belüftung sorgt, werden die Grünalgen bald wieder verschwinden.

Pilzkrankheiten

In Sämlingskulturen können sich »Vermehrungspilze« ausbreiten. Dabei handelt es sich um eine zähe Haut, die aus Pilzgeflecht und Algen besteht und den Pflanzen Luft und Wasser entzieht. Vorbeugend kann man die Aussaat mit einer Chinosol-Lösung besprühen. Bei starkem Befall hilft nur ein Umpikieren der Sämlinge.

Schwerwiegender ist ein Befall durch den Pilz *Fusarium solanii*, der Stengelfäule hervorruft, oder durch *Colletotrichon crassipes*, der Weichfäule verursacht. Die Bekämpfung ist schwierig und nur mit systemischen Pilzgiften durchführbar. Kranke Pflanzen sind meist nicht mehr zu retten und sollten verichtet werden, bevor der Pilz auf gesunde Pflanzen übergreift.

Tierische Schädlinge

Unter den tierischen Schädlingen spielen vor allem die Läuse eine große Rolle, und zwar Wolläuse, Schildläuse, geringfügig auch Wurzelläuse. Läuse breiten sich überall dort aus, wo es warm und trocken ist. Bei richtiger Kultur ist ein starker Befall nicht zu fürchten. Die Bekämpfung erfolgt mit Kontaktgiften.

Gelegentlich kann es auch zu Fraßschäden durch kleine Nacktschnecken kommen. Besonders Sämlinge, junge Triebe und Blütenknospen sind gefährdet. Eine einfache Abhilfe schafft das Ablesen der Schnecken in den Abendstunden.

Eine gravierende Schädigung der Pflanzen kann durch Thripse (Fransenflügler) verursacht werden. Einige Arten sind bekannte Gewächshausschädlinge. Die Insekten leben von Pflanzensäften und saugen vorwiegend an jungen Pflanzenteilen. Befallene Tillandsien sterben von innen her ab, da die Thripse den Vegetationspunkt zerstören. Eine Bekämpfung ist mit systemischen Mitteln oder Kontaktgiften möglich.

Die Verwendung der Tillandsien

Wie bereits ausgeführt ist die Kultur von Tillandsien auf zwei Arten möglich: als Topfpflanze oder auf Rebhölzer aufgebunden. Für graue Tillandsien kommt eine Topfkultur im allgemeinen nicht in Frage, dagegen können grüne Tillandsien auch epiphytisch kultiviert werden.

Topfkultur

Bei der Topfkultur hat man die Auswahl zwischen Ton- und Plastiktöpfen. Beide haben sowohl Vor- als auch Nachteile. Beispielsweise ist bei Plastiktöpfen die Wasserverdunstung geringer, dafür sind Tontöpfe luftdurchlässig.

Die Vorteile des Einzeltopfes liegen auf der Hand. Er kann leicht transportiert oder umgestellt werden, ohne das Wachstum der Pflanze zu stören. Kranke Pflanzen können problemlos isoliert werden. Nachteilig ist vielleicht, daß durch das Nebeneinander von großen und kleinen Töpfen eine »Unordnung« entsteht, vor allem, wenn man die Pflanzen auf der Fensterbank kultiviert. Hier kann man Abhilfe schaffen, indem man einen Blumenkasten oder eine entsprechend große Schale mit einem Torf-Sand-Gemisch füllt und die Einzeltöpfe darin einsenkt. Allerdings sollten bei dieser Methode Tontöpfe und kalkarmer Sand verwendet werden.

Wie Topfpflanzen noch verwendet werden können, bedarf wohl keiner weiteren Erläuterung. Die Auf- und Zusammenstellung der einzelnen Pflanzen wie ihre Kombination mit anderen Topfpflanzen richten sich nach den räumlichen Gegebenheiten und dem persönlichen Geschmack.

Epiphytenhölzer

Sehr exotisch und ungewöhnlich erscheint die erdlose Kultur auf Hölzern.

Wie bereits beschrieben (siehe Seite 27) werden die Pflanzen mit Hilfe von Nylonbändern auf Rebhölzer oder auch andere Holzstücke aufgebunden. Zimmerkultur ist für solche Pflanzen nur bedingt geeignet, da viel gesprüht werden muß und dadurch Tapeten, Fußböden oder Möbel Schaden nehmen können. Ideal ist ein kleines Gewächshaus, das im Winter natürlich beheizt werden muß. Im Sommer ist eine Kultur im Freien durchaus empfehlenswert.

Das Aufhängen der Rebhölzer kann beispielsweise an Spanndrähten erfolgen; wegen der Beschattung kann man sie aber nur in einer Etage behängen. Eine andere Möglichkeit bieten verzinkte Baustahlmatten, die, behängt mit Tillandsien, zu »lebenden« Wänden werden können. Auch sogenannte Kletterhilfen (für einjährige oder ausdauernde Kletterpflanzen) können als Aufhängeeinrichtung dienen. Balkon und Terrasse sind im Sommer ein ideales Quartier für solche Pflanzenwände. Wer einen Garten mit Bäumen besitzt, kann seine Tillandsien auch in die Zweige der Bäume hängen, sofern die Beschattung nicht zu groß ist.

Ein **Epiphytenstamm** ist nicht nur ein prachtvolles Schaustück, sondern stellt gewissermaßen ein Stück Natur nach. Vor dem Bau eines Epiphytenstammes sollte man jedoch bedenken, daß die Pflanzen häufig besprüht werden müssen und das ganze Gebilde recht schwer ist und deshalb schlecht transportiert werden kann. Ein Wintergarten wäre ein guter Standort. Die Herstellung eines Epiphytenstammes

Bau eines Epiphytenstammes: Wichtig ist eine solide Verankerung der Äste im Topf. Die Bepflanzung beginnt beim mit Erde gefüllten Container. Dann werden die Äste mit Tillandsien bestückt und mit *T. usneoides* behängt.

Tillandsia tenuifolia **auf Rebholz. Beschreibung Seite 80**

ist relativ aufwendig. Verschiedene Methoden sind anwendbar, und der Bastler kann seiner Phantasie freien Lauf lassen.

Äste, sehr dekorativ wirken auch ganze Rebstöcke, auf die die Pflanzen gesetzt werden sollen, werden in einen großen Topf einbetoniert. Damit haben nicht nur die Äste einen guten Stand, sondern auch der Topf, der sonst durch das Gewicht der bepflanzten Äste leicht umkippen könnte.

Wer nicht betonieren will, kann die Äste auch mit Hilfe von Sand und Steinen im Topf fixieren. Zunächst werden die Äste oder Rebhölzer mit einem starken Draht in der gewünschten Anordnung verbunden. In den Topf kommt eine Sandschicht, dann wird das Geäst hineingestellt und mit Steinen verkeilt. Weitere Sand- und Steinschichten folgen, bis das Geäst fest verankert ist. Zum Schluß wird der Topf mit einer Substratschicht aufgefüllt.

Bei der Auswahl und Zusammenstellung der Pflanzen sollte man darauf achten, daß verschiedene Wuchstypen Verwendung finden: also beispielsweise Zwiebeltillandsien, Arten mit gedrehten Blättern und klumpenförmig wachsende Arten. Auch andere Pflanzen mit ähnlichen Ansprüchen kann man dazugesellen.

In jedem Fall sollte man sich bemühen, die Pflanzen auf möglichst natürlich wirkende Weise zu befestigen. Zur Auflockerung oder auch zum Kaschieren nicht bepflanzter Stellen kann man sehr gut kleine Büschel von *Tillandsia usneoides* verwenden. Als Unterpflanzung im Topf eignen sich trockenheitsliebende Erdbromelien wie *Dyckia* und *Orthophytum*.

Entscheidend für die erfolgreiche Pflege des Epiphytenstammes ist, daß alle verwendeten Pflanzen ähnliche Kulturansprüche haben. Das heißt, bei einer Bepflanzung mit grauen Tillandsien muß der Epiphytenstamm im Winter kühl und trockener gehalten werden. Sind nun grüne Bromelien dazwischen, können diese zwar feuchter gehalten werden, aber sie würden infolge der niedrigen Temperaturen kränkeln und schließlich eingehen.

Wer keinen Platz für einen großen Epiphytenstamm hat, kann sich kleinere Arrangements zusammenstellen, die auch auf einer Fensterbank Platz finden. Die einfachste Methode besteht darin, eine schön geformte Wurzel mit einer Tillandsie zu bepflanzen und aufzustellen. So entsteht mit wenig Aufwand ein dekoratives Schaustück.

Lavasteine im Steinbruch (Eifel)

Lavastein, bepflanzt mit verschiedenen Tillandsien

Steine als Pflanzunterlage

Bepflanzte Steine sind in den letzten Jahren zu einem Verkaufsschlager geworden. Leider muß man dazu sagen, daß viele dieser so präparierten Pflanzen bereits tot sind, wenn sie zum Verkauf gelangen. Falsche Pflegeanleitungen tun ein übriges, um solche Tillandsien zu Tode zu bringen. Bei sachgemäßer Pflege kann man durchaus auch auf diese Art Pflanzen kultivieren. In der Natur gibt es viele Arten, die auf Felsen wachsen.

Farbig besprühte Pflanzen sind bereits tot. Die Farbe verklebt die Saugschuppen, die dadurch kein Wasser mehr aufnehmen können.

Die Befestigung der Pflanzen erfolgt mit Hilfe einer Heißklebepistole. Somit kann jegliche Art von Stein verwendet werden: Granit, Marmor, Halbedelsteine, sogar Muschel- und Schneckengehäuse werden bepflanzt, letztlich eine Frage des Geschmackes. Am natürlichsten wirken poröse Lavasteine, wie sie in der Eifel vorkommen. Sie haben außerdem den Vorteil, daß sie sich mit Wasser vollsaugen können und die Feuchtigkeit allmählich an die Pflanzen abgeben. Ebenso sind sie in der Lage, Wärme zu speichern.

Damit man auch Pflanzen mit Wurzelballen verwenden kann, müssen Pflanzlöcher gebohrt werden. Dafür werden die Lavasteine zunächst gut gewässert, um die Bearbeitung zu erleichtern. In der Konsistenz gibt es erhebliche Unterschiede. Die weicheren Steine lassen sich ohne weiteres mit Hammer und Meißel bearbeiten. Für harte Lavasteine ist eine Bohrmaschine mit Stein- oder Betonbohrer notwendig.

Als Pflanzen eignen sich vor allem graue Tillandsien und auch Kakteen. Die Wurzeln müssen vor dem Bepflanzen eingekürzt werden; auf diese Weise werden sie zu neuem Wachstum angeregt. In die Pflanzlöcher wird kein Substrat gefüllt, lediglich Grus und Splitter des Lavasteines werden zur Verkeilung der Pflanze verwendet. Bei Tillandsien mit nur wenigen

Rechte Seite: Schale mit Tillandsien auf Rebholz und Lavasteinen

Haftwurzeln ist zu beachten, daß sie nicht zu tief in den Stein gesetzt werden, sie könnten sonst leicht abfaulen.

Die beste Zeit für die Bepflanzung ist auch in diesem Fall das Frühjahr. Frisch bepflanzte Steine sollte man nicht im Freien aufstellen, da die Pflanzen noch nicht genügend auf dem Stein verankert sind und bei stärkerem Wind weggeblasen werden können.

Im Sommer muß man die bepflanzten Lavasteine zweimal täglich gut wässern. Das geschieht entweder durch Überbrausen oder der Stein steht in einem Untersatz, der mit Wasser gefüllt wird. Im Winter, also während der Ruhezeit der Pflanzen, genügt eine einmalige Bewässerung pro Woche, wobei die Raumtemperatur 15 bis 18 °C betragen sollte.

Terrarien und bepflanzte Schalen

Auch Terrarien können ein artgemäßer und dekorativer Lebensraum für Tillandsien sein.

Ein ausgedientes Aquarium etwa eignet sich sehr gut zur Bepflanzung. Geübte Bastler können aus zurechtgeschnittenen Glasscheiben, die mit Silicon-Kitt zusammengeklebt werden, ein Terrarium selbst bauen. Selbstverständlich gibt es im Handel fertige Terrarien in allen Versionen. Vom einfachen Glaskasten bis zu beleuchteten Pflanzenvitrinen, letztendlich eine Frage des Geldbeutels.

Bei der Einrichtung und Bepflanzung des Terrariums kommt es vor allem darauf an, wo es aufgestellt werden soll. In einem ganzjährig gleichbleibend warmen Raum, etwa im Wohnzimmer, empfiehlt sich ein Regenwaldterrarium mit grünen Tillandsien. Für ein Wüstenterrarium mit grauen Tillandsien ist zu bedenken, daß die Pflanzen im Winter eine Ruhezeit brauchen bei einer Raumtemperatur um 15 °C.

Das **Regenwaldterrarium** wird mit einem Gemisch aus Lauberde, Torf und Sand beschichtet. Knorrige Äste, die man ebenfalls bepflanzen kann, und Steine dienen der Gestaltung. Neben grünen Bromelien eignen sich auch kleine Farne zur Bepflanzung oder die epiphytisch wachsenden *Rhipsalis*-Kakteen.

Ein **Wüstenterrarium** wird mit einer Sand-Lavagrus- oder Sand-Bimskies-Mischung beschichtet. Damit die Kondensationsfeuchtigkeit nicht zu hoch ist, sollte die vordere Glasplatte nur die halbe Höhe

Tillandsien und Kakteen in einer Schale

oder aber nur Substrathöhe haben. Für die Bepflanzung eignen sich bestens die Wüstentillandsien, etwa *T. latifolia* und *T. paleacea*. Auch Erdbromelien wie *Cryptanthus* und *Dyckia* sowie Kakteen lassen sich integrieren.

Bepflanzte Schalen eröffnen uns die Möglichkeit, mit wenig Aufwand große Wirkungen zu erzielen. Der Phantasie sind keine Grenzen gesetzt.

Auch in einer Schale läßt sich beispielsweise eine kleine Wüstenlandschaft realisieren. Als Substrat dient Sand oder ein Sand-Lavagrus-Gemisch. Lavasteine werden aufgelegt, -getürmt oder teilweise eingegraben. Bepflanzt wird mit Wüstentillandsien, Erdbromelien und Kakteen.

Die Schalen lassen sich leicht transportieren und können im Sommer im Freien, auf Balkon oder Terrasse, aufgestellt werden. Sehr attraktiv wirkt eine Schale, in der Epiphytenstämmchen und Steinbepflanzung kombiniert sind. Das Rebholz wird mit Hilfe von Sand oder Knetmasse (Plastilin) in der Schale fixiert. Die zwergwüchsigen Tillandsien werden aufgebunden oder -geklebt. Die Lavasteine, in deren Spalten ebenfalls Tillandsien gesetzt werden können, werden nur lose aufgelegt oder auch festgeklebt.

Tillandsia fuchsii in Kultur. Beschreibung Seite 58

Tillandsien von A–Z

Tillandsie mit Benennung der für die Beschreibung wichtigen Pflanzenteile

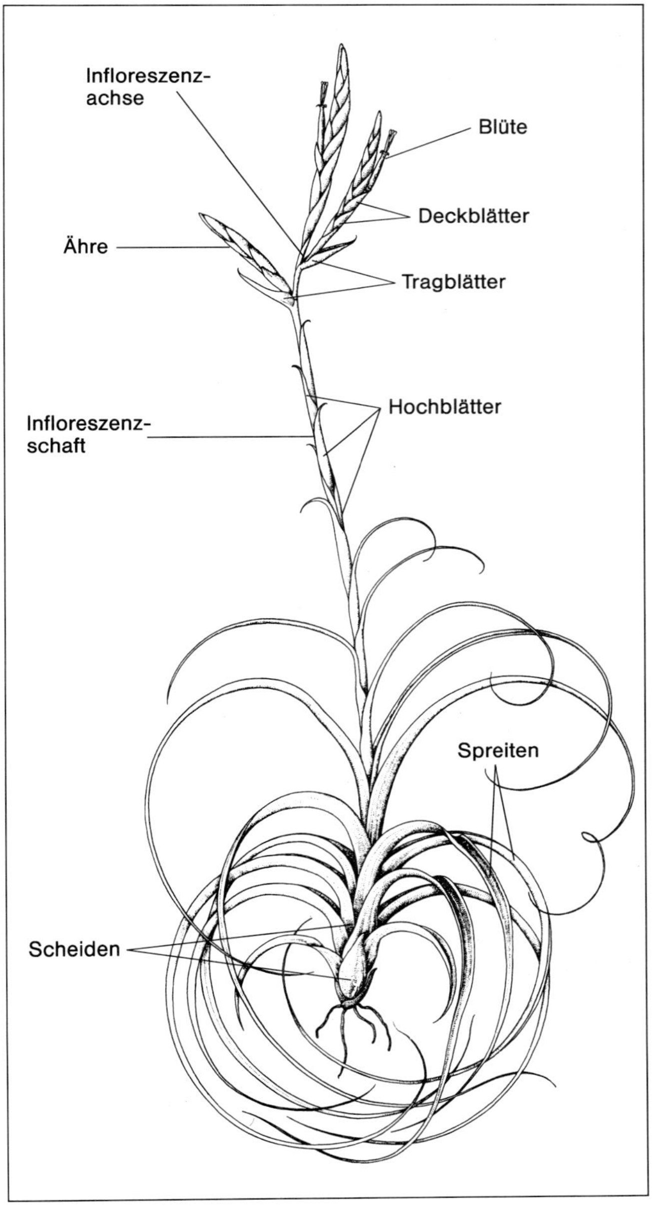

Annähernd 550 Tillandsienarten sind bis heute bekannt. Dazu kommen noch Varietäten, Formen und Hybriden, wobei die Hybriden dem steigenden Interesse gemäß in den nächsten Jahren stetig zunehmen werden. Insgesamt also eine große Mannigfaltigkeit.

Im folgenden werden 50 Arten vorgestellt, die alle im Handel erhältlich sind (siehe Seite 90).

Hinter dem Artnamen ist jeweils der Autor vermerkt; er hat als erster die Pflanze beschrieben. Die nachfolgende Zahl ist das Jahr, in dem die Erstbeschreibung der Pflanze veröffentlicht wurde. Der Vollständigkeit halber wird auch die Untergattung (siehe Seite 22) aufgeführt sowie der Hinweis, ob es sich um eine graue oder grüne Art handelt, was für die Kultur eine wesentliche Rolle spielt.

Da im Handel hauptsächlich graue Tillandsien angeboten werden, liegt auch bei den nachfolgend vorgestellten Arten der Schwerpunkt auf dieser Gruppe.

Tillandsia aëranthos

(Loisel.) L. B. Smith, 1943
Untergattung *Anoplophytum*; grau

Die Pflanze bildet meist kurze Stämmchen aus und wächst nach einigen Jahren zu einem dichten Polster heran. Die zahlreichen, spiralig angeordneten Blätter stehen mehr oder weniger aufrecht an der Achse oder spreizen etwas ab. Sie sind sehr derb und starr. Die weißen Scheiden sind nur undeutlich von der Spreite abgesetzt und gehen allmählich in diese über. Ihre Breite beträgt etwa 2 cm, die Höhe 15 mm. Die schmal-lanzettlichen Spreiten sind lang-zugespitzt, 8 bis 14 cm lang,

Tillandsia aëranthos

an der Basis etwa 15 mm breit, beiderseits grau beschuppt und haben aufgebogene Ränder. Der Infloreszenzschaft ist aufrecht oder hängend ausgebildet und kahl. Die aufrecht dem Schaft anliegenden Hochblätter sind dachziegelartig angeordnet, grün oder rot mit grüner Spitze und teilweise beschuppt. Die Infloreszenz ist eine einfache, lockere, vielblütige Ähre. Die purpurroten Deckblätter sind an der Spitze beschuppt und werden 17 bis 20 mm lang. Die spiralig angeordneten Blüten erreichen eine Länge bis zu 24 mm. Die weißen Kelchblätter sind kürzer als die Deckblätter, sie werden 16 mm lang und bis 4 mm breit, wobei die hinteren etwa 14 mm hoch miteinander verwachsen sind. Die Blütenblätter sind blau oder graublau und länger als die Staubblätter und der Griffel.

T. aëranthos ist eine variable Art, es sind mehrere Varietäten bekannt. Sie unterscheiden sich hinsichtlich der Länge des Blütenstandes und der Farbe ihrer Blütenblätter.

Heimisch ist *T. aëranthos* in Brasilien, Uruguay, Paraguay und Argentinien, wo sie epiphytisch auf Bäumen oder an Felsen wächst. Dabei kann sie von Meereshöhe bis einige hundert Meter hoch ansteigen.

T. aëranthos blüht regelmäßig jedes Jahr. Die Blütezeit dauert insgesamt fast einen Monat. Bei guter Kultur erzeugt die Pflanze schnell Wurzeln, so daß sie fest auf ihrer Unterlage haftet. Nach der Blüte werden bis zu fünf Kindel gebildet. Beläßt man die Kindel stets an der Mutterpflanze, entsteht nach einigen Jahren ein großes, attraktives Polster.

Eine nahe Verwandte von *T. aëranthos* ist *T. tenuifolia* (siehe Seite 80), die ebenfalls leicht kultiviert werden kann.

Tillandsia anceps

Lodd., 1823
Untergattung *Phytarrhiza*; grün

Die Pflanze bildet keinen Stamm aus und wird blühend bis 30 cm hoch. Die zahlreichen weichen Blätter stehen ausgebreitet bis zurückgebogen in einer kompakten Rosette beisammen. Die ovalen, rot gestreiften Scheiden werden 2 bis 3 cm breit und 4 bis 5 cm hoch. Die linealen Spreiten laufen in eine lange Spitze aus, sie sind 7 bis 12 mm breit und etwa 30 cm lang. An der Basis sind die sonst grünen Spreiten rotbraun gestreift. Der aufrechte Infloreszenzschaft ist kurz und kräftig. An ihm stehen dicht dachziegelartig angeordnet die ovalen, lang-zugespitzten Hochblätter. Die einfache, aus 10 bis 20 Blüten bestehende Infloreszenz ist schwertförmig, breit-elliptisch, stark abgeflacht, 10 bis 15 cm lang, etwa 5 cm breit und kahl. Die grünen, zuweilen auch blaßrosa und grün gesäumten Deckblätter sind zugespitzt und gekielt. Mit einer Länge bis zu 4 cm überragen sie die nur 3 cm langen Kelchblätter, die lineal bis lanzettlich, zugespitzt und gekielt sind. Die blauen bis malvenfarbenen, seltener weißen Blütenblätter sind schmal-lanzettlich bis elliptisch und zugespitzt. Die Staubblätter und der Griffel sind tief in der Blüte eingeschlossen.

In Zentralamerika, Trinidad und im nördlichen Südamerika wächst *T. anceps* epiphytisch auf Bäumen im Regenwald. Das heißt, die Art bevorzugt ein warmes und feuchtes Klima und keine direkte Sonneneinstrahlung.

Die problemlose Kultur kann mit und ohne Substrat erfolgen. Bei der Topfkultur ist ein torfiges Substrat zu empfehlen.

Die im nichtblühenden Zustand ähnlichen *T. lindenii* Regel und *T. cyanea* (siehe Seite 53) unterscheiden sich von *T. anceps* durch größere Blüten.

Tillandsia araujei

Mez, 1894
Untergattung *Anoplophytum*; grau

Die nach dem brasilianischen Fluß Arauja benannte Art bildet waagrechte oder aufsteigende Stämmchen aus, die 15 bis 30 cm Länge erreichen. Die zahlreichen, dicht spiralig angeordneten Blätter werden 5 bis 6 cm lang, häufig nehmen sie auch eine einseitswendige Stellung ein. Die dreieckigen Scheiden umfassen mit 15 mm Breite und 10 mm Höhe den Stamm. Die derben, starren Spreiten sind schmal-lineal bis lanzettlich, lang-zugespitzt, an der Basis nur 5 bis 6 mm breit und an den Rändern aufgebogen. Die grünen Spreiten werden von zahlreichen Schuppen bedeckt, so daß sie insgesamt graugrün erscheinen. Der schlanke Infloreszenzschaft überragt mit einer Länge von 6 bis 9 cm die Blätter und ist dicht dachziegelartig mit Hochblättern besetzt. Diese sind oval-lanzettlich und lang-zugespitzt. Die Infloreszenz setzt sich aus fünf bis zehn Blüten zusammen. Sie ist als 4 bis 5 cm lange, einfache Ähre ausgebildet. Die 22 mm langen Deckblätter verdecken die Kelchblätter vollkommen und prägen mit ihrer rosaroten Farbe das Aussehen der Infloreszenz. Sie sind oval, zugespitzt, dünnhäutig und kahl. Die lanzettlichen und lang-zugespitzten Kelchblätter werden 13 bis 15 mm lang, die beiden hinteren sind 4 mm hoch miteinander verwachsen. Die weißen Blütenblätter überragen die Deckblätter nur geringfügig. Der Griffel und die Staubblätter sind in der Blüte eingeschlossen, die Filamente sind gefaltet.

In ihrer Heimat Brasilien wächst *T. araujei* auch epiphytisch auf Bäumen, besiedelt aber meist Felsen.

Die Pflanzen sind sehr robust und daher leicht zu kultivieren. Auch die Vermehrung ist unproblematisch.

Eine nahe Verwandte von *T. araujei* ist *T. tenuifolia* (siehe Seite 80).

Tillandsia argentina

C. H. Wright, 1907
Untergattung *Anoplophytum*; grau

Die Pflanze bildet kurze Stämmchen aus und wird blühend nur 10 cm hoch. Beläßt man die Kindel an der Mutterpflanze, entsteht allmählich ein dichtes Polster. Die fast aufrechten Blätter stehen dicht spira-

Tillandsia argentina

lig in einer Rosette beisammen, die im Durchmesser 5 bis 7 cm groß wird. Die Scheiden sind nur undeutlich von den Spreiten abgesetzt und wenigstens in der unteren Hälfte kahl und glänzend. Die lanzettlich-fadenförmigen Spreiten sind sukkulent ausgebildet, wobei ihre Ränder stark aufgebogen sind. Sie erreichen eine Länge von 7 cm, eine Breite von 7 mm und sind dicht grau beschuppt. Ein auffallendes Merkmal ist die faltige Blattunterseite, was jedoch kein Anzeichen von Austrocknung ist. Der kurze, aufrechte Infloreszenzschaft ist kahl und wird meist durch die Blätter verdeckt. Die dünnhäutigen Hochblätter, die den Schaft umschließen, sind länger als die Stengelglieder, grün und kahl oder nur wenig beschuppt. Die Infloreszenz ist eine einfache, 3 bis 4 cm lange Ähre, die aus ein bis sechs zweizeilig angeordneten Blüten besteht. Die weinroten Deckblätter überragen die Kelchblätter. Sie sind bis 2 cm lang, schmal-lanzettlich, zugespitzt und kahl. Die dünnhäutigen Kelchblätter sind bis zum Grunde frei, 14 mm lang, lanzettlich und kahl. Die leuchtend karminroten Blütenblätter sind 3 cm lang, ihre Platten sind ausgebreitet und zurückgekrümmt. Der Griffel und die Staubblätter sind in der Blütenröhre eingeschlossen, die Filamente sind gefaltet.

Beheimatet ist *T. argentina*, worauf der Name schon hindeutet, in den Trockengebieten von Nordwestargentinien. Dort wächst sie auf Felsen oder auch epiphytisch auf Bäumen.

Den heimatlichen Klimabedingungen entsprechend, müssen die Pflanzen sonnig und relativ trocken kultiviert werden. Da *T. argentina* nur sehr langsam wächst, werden einige Jahre vergehen, bis ein Polster entsteht. Dann ist auf eine gute Luftzirkulation zu achten, damit im Polsterinneren keine Staunässe entsteht und so Fäulnis aufkommen kann. Ansonsten ist *T. argentina* sehr einfach in der Kultur und verträgt auch größere Temperaturschwankungen.

Tillandsia atroviridipetala

Tillandsia atroviridipetala

Matuda, 1957
Untergattung *Allardtia*; grau

Die stammlosen Pflanzen wachsen einzeln oder in Gruppen, oft auch abwärts hängend. Die zahlreichen Blätter bilden eine sehr dekorative, silbergraue Rosette von etwa 10 cm im Durchmesser. Die deutlich abgesetzten, verdickten Scheiden sind länglich-oval, bis 12 mm lang, 7 mm breit und bilden insgesamt eine Zwiebel. Die schmalen, fadenförmigen Spreiten werden etwa 45 mm lang und an der Basis 3 mm breit und tragen eine dichte, fedrige, silbergraue Beschuppung. Die älteren, basalen Blätter sind zurückgeschlagen, die jungen, oberen Blätter stehen fast aufrecht bis ausgebreitet an der Achse. Der sehr kurze, etwa 1 cm lange Infloreszenzschaft ist in der Rosette verborgen. Die den Rosettenblättern ähnelnden Hochblätter stehen spiralig am Schaft. Die Infloreszenz überragt kaum die Blätter und ist aus zwei bis sechs einblütigen Ähren zusammengesetzt. Die grünen, rot bespitzten Deckblätter sind dicht grau beschuppt und mit 15 mm genauso lang wie die Kelchblätter, die rot, dünnhäutig und dicht grau beschuppt sind. Die schmallinealen, bis 2 cm langen Blütenblätter besitzen eine ungewöhnliche grüne Färbung. Die Staubblätter und der Griffel sind in der Blüte eingeschlossen.

Das Hochland von Mexiko ist die Heimat dieser sehr dekorativen Art, die noch in einer Höhe von 3500 m vorkommt. Hier wächst sie meist epiphytisch, bevorzugt auf *Commiphora*-Bäumen.

Die Kultur ist etwas schwierig. Vor allem sollte man die natürliche Wuchsrichtung berücksichtigen und die Pflanzen in seitlicher und hängender Position aufbinden. Eine aufrechte Stellung könnte zu einem Nässestau im Rosettenzentrum führen, so daß die Pflanze zu faulen beginnt und schließlich abstirbt. Ein sonniger Platz und geringe Wassergaben sind für diese atmosphärische Tillandsie selbstverständlich Bedingung.

Nahe verwandt ist die Art mit *T. plumosa* (siehe Seite 72). Von einigen Autoren wird *T. atroviridipetala* nicht als eigenständige Art angesehen, sondern mit *T. plumosa* zu einer Art vereinigt. Unterschiede zwischen beiden bestehen jedoch in der Länge des Infloreszenzschaftes und der Blätter sowie in den ökologischen Gegebenheiten.

Tillandsia balbisiana

Tillandsia balbisiana

Schult. f., 1830
Untergattung *Tillandsia*; grau

Die Pflanze bildet keinen Stamm aus und wird blühend bis zu 65 cm hoch. Die zahlreichen Blätter erreichen eine Länge von bis zu 60 cm, sind rosettenförmig angeordnet und zurückgeschlagen. Die löffelförmigen Scheiden bilden insgesamt eine hohle, ovale, bis 12 cm hohe Scheinzwiebel. Die äußeren Blattscheiden sind schuppenförmig und spreitenlos. Die rinnig ausgebildeten Spreiten sind schmal-lanzettlich, an der Basis bis 15 mm breit, sonst fadenförmig, dicht grau beschuppt und in sich gedreht mit zum Teil eingerollter Spitze. Die Spreiten hängen weit über die Basis der Pflanze herab und geben ihr ein charakteristisches Aussehen. Der aufrechte Infloreszenzschaft ist kahl und leuchtend rot gefärbt. Die spiralig angeordneten Hochblätter umfassen mit ihren Scheiden den Schaft, die fadenförmigen, grau beschuppten Spreiten sind herabgeschlagen und wie die Blätter etwas gedreht. Die bis 20 cm lange Infloreszenz ist dicht aus mehreren Ähren zusammengesetzt, seltener einfach. Die Tragblätter gleichen den Hochblättern und wenigstens ihre Scheiden sind kürzer als die Ähren. Die sitzenden Ähren sind abgeflacht, lineal und 3 bis 12 cm lang, aber nur 1 cm breit. Die ovalen Deckblätter stehen in zweizeiliger Anordnung dachziegelartig an der Ährenachse. Sie sind 15 bis 22 mm lang, mehr oder weniger kahl, derb, verdecken die Kelchblätter völlig und sind rot gefärbt. Die grünen Kelchblätter erreichen eine Länge von 15 mm, die beiden hinteren sind kurz miteinander verwachsen. Die violetten Blütenblätter werden 3 bis 4 cm lang und bilden insgesamt eine aufrechte Röhre, aus der die Staubblätter und der Griffel herausragen.

Eine in der Natur entstandene Hybride von *T. balbisiana* mit *T. fasciculata* (siehe Seite 57) wird als *T.* × *smalliana* bezeichnet. Sie ist in Florida beheimatet.

T. balbisiana ist weit verbreitet, von Florida, den Westindischen Inseln und Mexiko bis Kolumbien und Venezuela. Sie wächst epiphytisch in Wäldern und wird am natürlichen Standort von Ameisen besiedelt. Was ihre Höhenverbreitung angeht, so kann sie geeignete Lebensräume von Meeresniveau bis zu Höhen von 1500 m besiedeln.

Die durch die wellig herabfallenden Blätter sehr dekorative Art verlangt einen sonnigen Standort. Dabei sollte die Luftfeuchtigkeit nicht zu gering sein. Bei trokkenem und heißem Wetter muß auf eine regelmäßige Wasserversorgung geachtet werden.

Tillandsia brachycaulos* × *caput-medusae

Tillandsia brachycaulos

Schlechtend., 1844
Untergattung *Tillandsia*; grau

Die Pflanze wächst meist stammlos. Die zahlreichen Blätter bilden eine mehr oder weniger flach ausgebreitete Rosette, zuweilen nehmen sie auch eine einseitswendige Stellung ein. Die ovalen Scheiden werden 3 bis 5 cm hoch. Die lang-zugespitzten Spreiten sind bis 25 cm lang und grau beschuppt. Bei intensiver Sonneneinstrahlung verfärben sich die grünen Spreiten rot. Mit Beginn der Blühphase intensiviert sich die Rotfärbung noch etwas. Der Infloreszenzschaft ist sehr kurz und in der Rosette verborgen. Die Hochblätter sind ebenfalls leuchtend rot gefärbt. Die kopfförmige Infloreszenz ist in die Rosette eingesenkt. Sie besteht aus kleinen, ein- bis zweiblütigen Ähren. Die den Hochblättern ähnlichen Tragblätter überragen die Ähren. Die lanzettlichen Deckblätter sind dünnhäutig und genauso lang wie die Kelchblätter, die 12 bis 17 mm Länge erreichen. Die elliptischen Kelchblätter sind dünnhäutig, die hinteren sind frei oder miteinander verwachsen. Die 5 bis 7 cm langen Blütenblätter sind violett und bilden insgesamt eine aufrechte Röhre. Staubblätter und Griffel ragen aus der Blüte heraus.

T. brachycaulos var. **multiflora** L.B. Smith, 1945 unterscheidet sich durch kräftigeren Wuchs und vierblütige Ähren. Die Varietät ist bisher nur aus Guatemala bekannt.

T. abdita L.B. Smith wird manchmal als Varietät zu *T. brachycaulos* gestellt.

Von *T. brachycaulos* sind auch zwei Hybriden bekannt, eine natürliche und eine in Kultur entstandene:

T. brachycaulos × caput-medusae zeigt Merkmale beider Arten und ist eine in der Natur entstandene Hybride, die in Salvador vorkommt.

T. brachycaulos × ionantha ist eine von M.B. Foster erzeugte Hybride, die auch unter dem Namen *T.* × *victoria* bekannt ist.

Die Heimat von *T. brachycaulos* sind die trockenen Wälder und Wüstengebiete von Mexiko und Zentralamerika. Hier wächst sie epiphytisch in Höhenlagen zwischen 600 und 1200 m.

Die Kultur sollte hell und sonnig bei mäßiger Feuchtigkeit erfolgen. Schön wirkt die Pflanze als Einzelstück. Bei einer Gruppenpflanzung behindern und verhaken sich die Rosettenblätter der Pflanzen ineinander und die schöne, sternförmig ausgebreitete Rosette der Einzelpflanze kommt nicht mehr zur Geltung.

Tillandsia bryoides

Griseb. ex Baker, 1878
Untergattung *Diaphoranthema*; grau

Die kleinen Pflanzen gleichen in ihrem Aussehen einem Moos oder Bärlapp. Die bis 5 cm langen, einfachen oder verzweigten Stämmchen treten zu dichten Polstern zusammen. Die sehr dicht spiralig angeordneten Blätter sind nur 4 bis 9 mm lang und stehen starr aufrecht an der Achse, die völlig eingehüllt wird. Die deutlich abgesetzten Scheiden sind meist ebenso lang wie die Spreiten, die nur 2 mm breit und dicht mit Schuppen bedeckt sind. Die Schuppen variieren in ihrer Gestalt von nahezu runden bis zu extrem asymmetrischen Formen. Der aufrechte Infloreszenzschaft ist nur sehr kurz entwickelt, verlängert sich aber zur Fruchtreife bis auf 3 cm. Hochblätter fehlen oder es ist nur eines an der Basis vorhanden, das den Schaft umschließt. Die Infloreszenz ist eine einblütige Ähre, die eine Einzelblüte vortäuscht. Die dreieckig-ovalen Deckblätter sind 7 mm lang, kahl, dünn und mit einem hervortretenden Mittelnerv versehen. Die schmal-elliptischen Kelchblätter sind mit 5 bis 9 mm Länge etwa so lang wie die Deckblätter und dreinervig. Die schwefelgelben Blütenblätter verfärben sich nach der Blüte orangebraun. Die Staubblätter und der Griffel sind tief in der Blüte eingeschlossen.

Das Verbreitungsgebiet von *T. bryoides* erstreckt sich von Peru und Bolivien bis Argentinien. In den Trockengebieten dieser Länder wächst die Art epiphytisch auf Bäumen und Sträuchern oder an Felswänden. Sie kann bis 3000 m Höhe emporsteigen.

Die einfach zu kultivierende Art ist vor allem ihrer geringen Größe wegen zu empfehlen. Sie ist ein attraktiver Partner bei der Bepflanzung eines Epiphytenstammes oder Steines. Auch die Vermehrung ist einfach, da Früchte mit keimfähigen Samen auch in der Kultur ohne weiteres entwickelt werden.

T. bryoides sehr ähnlich ist *T. pedicellata* (Mez) Castell., die aber blauviolette Blüten besitzt.

Tillandsia bryoides

Tillandsia bulbosa

Hook., 1826
Untergattung *Tillandsia*; grau

Die in der Größe stark variierenden Pflanzen erreichen eine Höhe von 7 bis 30 cm. Blätter werden nur relativ wenige ausgebildet, sie sind aufrecht bis spreizend und schwach gedreht. Die rundlichen Scheiden bilden in ihrer Gesamtheit eine hohle Scheinzwiebel. Sie sind dicht grau beschuppt mit rot gesäumten Rändern. Die Spreiten werden bis 30 cm lang, sind stark rinnig eingefaltet, so daß sie im Querschnitt fast rund sind, mit einem Durchmesser von 2 bis 7 mm. Auch die Spreitenränder können rötlich gesäumt sein. Obwohl die Spreiten grün erscheinen, sind sie dicht mit kleinen grauen Schuppen bedeckt. Der wenig beschuppte Infloreszenzschaft ist nur kurz entwikkelt. An ihm stehen die den Rosettenblättern gleichenden Hochblätter, die aber rot gefärbt sind. Die Infloreszenz besteht aus wenigen Ähren oder ist einfach ausgebildet. Sie ist kürzer als die Blätter. Die ovalen, zugespitzten Tragblätter sind meist kürzer als die Ähren, die 2 bis 6 cm lang, lanzettlich, abgeflacht und zweizeilig mit zwei bis acht Blüten besetzt sind. Die aufrechten, dachziegelartig angeordneten Deckblätter sind oval-zugespitzt, gekielt, 15 mm lang und überragen damit die Kelchblätter. Sie sind meist rot gefärbt und dicht mit feinen Schuppen bedeckt. Die länglich-lanzettlichen Kelchblätter erreichen nur eine Länge von 12 mm. Sie sind dünnhäutig, kahl und grün, die beiden hinteren sind kurz miteinander verwachsen. Die blauen oder violetten Blütenblätter stehen in einer 3 bis 4 cm langen, aufrechten Röhre beisammen. Staubblätter und Griffel ragen aus der Blüte heraus.

T. bulbosa ist weit verbreitet, von Mexiko und den Westindischen Inseln über Zentralamerika und Ekuador bis nach Nordbrasilien. Sie wächst epiphytisch auf Büschen und Bäumen und wird in ihrer Heimat von Ameisen bewohnt. Die Blütenbestäubung erfolgt durch Kolibris.

In der Kultur bevorzugt die Pflanze mittlere Lichtverhältnisse, das heißt nicht zu sonnig, hohe Luftfeuchtigkeit und regelmäßige Bewässerung. *T. bulbosa* wächst aufrecht, seitlich und abwärts hängend, da sie nicht wie die meisten anderen Pflanzenarten auf die Schwerkraft reagiert. Aufgrund all dieser Eigenschaften kann *T. bulbosa* auch gut als Terrarienpflanze verwendet werden.

Im nichtblühenden Zustand bestehen Ähnlichkeiten mit *T. butzii* (siehe unten) und *T. pseudobaileyi* S. Gardner.

Tillandsia butzii

Mez, 1935
Untergattung *Tillandsia*; grau

Die stammlosen Pflanzen erreichen blühend eine Höhe von 50 cm. Natürlicherweise wachsen sie in Klumpen, da auch die verblühten Pflanzen noch längere Zeit erhalten bleiben. Die bis 50 cm langen Blätter sind ausgebreitet bis herabgeschla-

Linke Seite: *Tillandsia bulbosa*

Tillandsia butzii

gen und in sich gedreht. Sie werden nur in geringer Anzahl gebildet. Die löffelförmigen Scheiden formen insgesamt eine bis 4 cm hohe Scheinzwiebel. Ihre grüne Außenseite ist mit zahlreichen rotbraunen Flecken und Bändern versehen und dicht beschuppt. Die stark rinnigen Spreiten sind fadenförmig-zugespitzt und haben nur einen Durchmesser von 2 mm. Der aufrechte Infloreszenzschaft ist dünn und grau beschuppt. An ihm stehen in dachziegelartiger Anordnung die Hochblätter, die den Rosettenblättern gleichen. Die Infloreszenz besteht aus wenigen, fingerförmig angeordneten Ähren, seltener ist sie einfach. Die Tragblätter sind den oberen Hochblättern ähnlich, ihre Scheiden sind kürzer als die Ähren. Die linealen, abgeflachten Ähren werden 6 bis 8 cm lang, 1 cm breit und besitzen an der Basis ein oder zwei sterile Deckblätter. Pro Ähre werden fünf bis acht Blüten ausgebildet. Die oval-lanzettlichen Deckblätter stehen in dachziegelartiger Anordnung an der Ährenachse. Sie sind rötlichgrün, beschuppt, genervt, werden 20 bis 28 mm lang und überragen die Kelchblätter. Die schmal-elliptischen Kelchblätter sind derb, grün, kahl, 12 bis 15 mm lang, die hinteren sind 4 mm hoch miteinander verwachsen. Die violettblauen Blütenblätter treten zu einer 30 bis 35 mm hohen Röhre zusammen, aus der die Staubblätter und der Griffel herausragen.

Heimisch ist *T. butzii* in Zentralamerika, von Mexiko bis Panama. Sie wächst in den Bergwäldern, in 1300 bis 2300 m Höhe, epiphytisch auf Bäumen.

In der Kultur verlangt *T. butzii* einen eher schattigen Platz und hohe Luftfeuchtigkeit. Wie bei der ähnlichen *T. bulbosa* und auch *T. atroviridipetala* (siehe Seiten 47 und 42) empfiehlt es sich, die Pflanzen abwärts hängend aufzubinden, um einen Nässestau zu vermeiden. Hat sich einmal ein ganzer Pflanzenklumpen entwickelt, so ist die Kultur unproblematisch. Da *T. butzii* auch in nichtblühendem Zustand attraktiv aussieht, eignet sie sich vorzüglich für die Bepflanzung von Epiphytenstämmen.

Tillandsia cacticola

L. B. Smith, 1954
Untergattung *Phytarrhiza*; grau

Die Pflanzen, die stammlos wachsen, werden blühend bis zu 60 cm hoch. Die weichen Blätter sind ausgebreitet bis zurückgebogen und bilden eine 25 cm breite, 10 cm hohe Rosette. Die Scheiden sind nur undeutlich abgesetzt. Die lineal-dreieckigen Spreiten sind lang-zugespitzt, bis 25 cm lang, an der Basis 2 cm breit, besitzen aufgebogene Ränder und sind dicht mit silbergrauen Schuppen bedeckt. Der aufrechte oder auch etwas gebogene Infloreszenzschaft ist etwa 4 mm dick, grün und kahl oder nur wenig beschuppt. Die dicht beschuppten Hochblätter stehen in dachziegelartiger Anordnung am Schaft und umhüllen diesen. Die Infloreszenz besteht aus drei bis sieben Ähren. Die elliptischen Tragblätter sind meist kürzer als die Ähren, lila und beschuppt. Die breit-elliptischen Ähren sind 3 bis 5 cm lang, stark abgeflacht und aus fünf bis zehn Blüten zusammengesetzt. Die elliptischen Deckblätter sind dicht dachziegelartig angeordnet, werden 2 cm lang und überragen die Kelchblätter. Sie sind kahl oder wenig beschuppt, leuchtendlila gefärbt und am Rücken stark gekielt. Die lanzettlichen Kelchblätter sind 16 mm lang und dünnhäutig. Die cremefarbenen bis blaßgelben Blütenblätter besitzen eine violettblaue Spitze, ihre 4 mm langen Platten sind ausgebreitet.

Eine Naturhybride mit *T. purpurea* Ruiz & Pav. ist bekannt.
An ihren heimatlichen Standorten, Trokkengebieten im Norden von Peru, wächst *T. cacticola* epiphytisch auf Kakteen, daher der Artname. Sie findet sich aber auch auf Büschen und Bäumen.

Die robuste Pflanze ist einfach zu kultivieren, wenn sie einen sonnigen Platz erhält. Ihr Wachstum geht indessen eher langsam vonstatten, und es werden nur ein oder zwei Kindel gebildet. *T. cacticola* ist mit den herrlich lila gefärbten Ähren eine attraktive Erscheinung, und die lange

Tillandsia cacticola auf *Borzicactus*

Blütezeit erhöht noch den Schmuckwert. In Peru werden die Infloreszenzen von den Indios gesammelt und auf den Märkten verkauft.

Im nichtblühenden Zustand kann die Art mit *T. purpurea* Ruiz & Pav. verwechselt werden, die aber meist Stämmchen ausbildet.

Tillandsia capitata

Griseb., 1866
Untergattung *Tillandsia*; grau

Die stammlosen Pflanzen erreichen blühend eine Höhe bis zu 50 cm. Die zahlreichen Blätter stehen in einer 30 bis 40 cm breiten Trichterrosette beisammen. Die braunen Scheiden sind breit-oval und bis 9 cm hoch. Die schmal-dreieckigen Spreiten sind lang-zugespitzt, 30 bis 35 cm lang, an der Basis 2 bis 3 cm breit und dicht beschuppt. Der aufrechte Infloreszenzschaft wird 15 bis 20 cm lang, an ihm stehen in dicht dachziegelartiger Anordnung die Hochblätter, die den Rosettenblättern gleichen. Die unteren Hochblätter sind grün, die oberen rötlich, alle grau beschuppt. Die Infloreszenz besteht aus zahlreichen Ähren in dichter, kopfförmiger Anordnung. Die Tragblätter gleichen den oberen Hochblättern, sind aber kleiner; sie verdecken die 7 bis 8 cm langen Ähren völlig. Die abgeflachten Ähren sind ein- bis fünfblütig. Die ovalen Deckblätter sind zugespitzt, gekielt, so lang wie die Kelchblätter und wenigstens an der Spitze beschuppt. Die lanzettlichen Kelchblätter sind 25 bis 27 mm lang, gekielt, kahl und weißlich. Die bis 6 cm langen Blütenblätter sind dunkelviolett, an der Spitze heller und zur Basis hin weiß und bilden eine aufrechte Röhre. Die Staubblätter und der Griffel ragen weit aus der Blüte heraus.

Tillandsia capitata

T. capitata var. **guzmanioides** L. B. Smith, 1939 unterscheidet sich vom Typus durch die übergebogene Infloreszenz und die dicht beschuppten Kelchblätter. Sie ist in Südmexiko und Guatemala verbreitet.

T. capitata var. **capitata** ist in Mexiko, Kuba und der Dominikanischen Republik heimisch, wo sie epiphytisch, oft auch auf Felsen, wächst.

In den U. S. A. entstand die Sorte 'Peach' mit einer hell pfirsichfarbenen Blattrosette.

T. capitata ist eine kompakte Pflanze mit leuchtend gefärbter Infloreszenz, die einen sonnigen Standort erhalten sollte.

Tillandsia caput-medusae

E. Morren, 1880
Untergattung *Tillandsia*; grau

Die stammlose Pflanze ist in der Größe sehr variabel und wächst in dichten Klumpen. Mit ihren eingerollten Blättern gleicht sie einem Medusenhaupt. Die löffelförmigen Scheiden bilden insgesamt eine 2 bis 5 cm hohe Scheinzwiebel, die in der Heimat von Ameisen bewohnt wird. Die linealen, stark rinnigen Spreiten werden an der Basis bis 15 mm breit. Sie sind lang-zugespitzt, meist gedreht und eingerollt und mit einem dichten Schuppenkleid bedeckt. Der dünne Infloreszenzschaft entwickelt sich aufrecht oder aufsteigend. Er ist dicht dachziegelartig mit rosettenblattähnlichen Hochblättern bedeckt. Selten ist die Infloreszenz einfach, meist besteht sie aus zwei bis sechs Ähren. Die kurz-ovalen Tragblätter sind gewöhnlich kleiner als die Deckblätter und oft spreitenlos. Die aufrechten oder abstehenden, manchmal gekrümmten Ähren können bis 18 cm lang werden. Sie sind abgeflacht, lineal-lanzettlich und mit sechs bis zwölf Blüten besetzt. Die dachziegelartig angeordneten Deckblätter sind genervt, meist kahl und 2 cm lang, so daß sie die Kelchblätter nur wenig überragen. Ihre Färbung ist abhängig von der Sonneneinstrahlung und kann von grün zu rot variieren. Die stumpfen Kelchblätter sind grün, kahl und genervt. Die 3 bis 4 cm langen Blütenblätter sind hellviolett und stehen in einer aufrechten Röhre beisammen. Die Staubblätter und der Griffel ragen aus der Blüte heraus.

Wie bereits an anderer Stelle erwähnt (siehe Seite 44), ist eine Naturhybride mit *T. brachycaulos* bekannt.

T. caput-medusae ist in Mexiko und Zentralamerika eine weit verbreitete Art. Sie wächst von Meereshöhe bis zu 2500 m epiphytisch auf Bäumen.

In der Kultur erweist sich die Art als sehr robuste Pflanze. Ein heller und sonniger Standort ist wichtig, da die Lichtintensität einen entscheidenden Einfluß auf die Ausfärbung der Infloreszenz ausübt. Die Pflanzen sind in der Lage, mit geringen Wassermengen auszukommen, bleiben dann aber im Wuchs zurück. Mit einem sonnigen Platz, ausreichender Wasserversorgung und gelegentlicher Düngung erhält man schöne Pflanzen, die kräftige Kindel entwickeln.

Ähnliche Arten mit Scheinzwiebeln und gedrehten Blättern sind *T. pruinosa* Sw., die von den Südstaaten der U.S.A. bis nach Brasilien und Ekuador vorkommt, *T. paucifolia* Baker und *T. seleriana* (siehe Seite 75).

Tillandsia caput-medusae

Tillandsia carlsoniae

L. B. Smith, 1959
Untergattung *Tillandsia*; grau

Die stammlosen Pflanzen werden blühend bis 25 cm hoch. Die zahlreichen Blätter stehen ausgebreitet bis zurückgebogen in einer Rosette beisammen. Die breit-elliptischen Scheiden sind 7 bis 12 cm hoch und dunkelbraun gefärbt. Die schmal-dreieckigen Spreiten sind lang-zugespitzt, 30 bis 35 cm lang, an der Basis 3 cm breit und dicht grau beschuppt. Der nur sehr kurz entwickelte Infloreszenzschaft ist dicht dachziegelartig mit Hoch-

Tillandsia carlsoniae

blättern besetzt, die den Rosettenblättern gleichen, aber viel kleiner sind. Die Infloreszenz besteht aus fünf bis sechs Ähren. Die breit-ovalen Tragblätter besitzen eine kurze Spreite und sind kürzer als die bis 10 cm langen Ähren, die stark abgeflacht sind. Pro Ähre werden etwa acht kurzgestielte Blüten gebildet. Die kantige Ährenachse ist dicht beschuppt. Die Deckblätter, an der Basis der Ähren steril, sind elliptisch, zugespitzt, 5 cm lang und überragen die Kelchblätter. Sie sind rosarot gefärbt und dicht grau beschuppt. Auch die Kelchblätter sind dicht beschuppt, 4 cm lang und bis zur Basis frei. Die dunkel purpurroten Blütenblätter stehen aufrecht in einer 6 cm langen Röhre zusammen. Die Staubblätter und der Griffel ragen aus der Blüte heraus. *T. carlsoniae* wächst in einem eng umgrenzten Areal. Ihre Heimat liegt in Mexiko, und zwar im Bundesstaat Chiapas. In einer Höhenlage von 2500 bis 3000 m wächst sie epiphytisch auf Eichen und Kiefern, die Bergwälder mit trockenheitsresistentem Bewuchs bilden.

Die Art sollte sonnig und hell plaziert werden. Obwohl die Kultur etwas schwierig ist, lohnt sich die Mühe, wenn man zur Blütezeit mit den attraktiven rosaroten Ähren überrascht wird.

Tillandsia crocata

(E. Morren) Baker, 1887
Untergattung *Phytarrhiza*; grau

Die Pflanzen bilden kurze Stämmchen aus und erreichen eine Größe von 10 bis 15 cm in der Höhe und Breite. Die bis 15 cm langen Blätter stehen in zweizeiliger Anordnung an der Achse. Die etwa 2 cm langen Scheiden sind schmal-oval. Einen dichten Belag aus asymmetrischen Schuppen besitzen die rinnigen, fadenförmigen Spreiten. Der dünne, aufrechte Infloreszenzschaft ist 10 cm lang und ebenso beschuppt wie die Blätter. Hochblätter fehlen oder es ist nur eines ausgebildet, das dem Schaft eng anliegt. In zweizeiliger Anordnung stehen zwei bis sechs Blüten an der einfachen Infloreszenz. Die dicht grau beschuppten Deckblätter sind etwa so lang wie die Kelchblätter und dachziegelartig angeordnet. Die dünnen, genervten Kelchblätter sind beschuppt, verkahlen aber allmählich. Die Blütenblätter sind 2 cm lang, leuchtendgelb, ihre Platten sind ausgebreitet. Die Staubblätter und der Griffel sind tief in der Blütenröhre eingeschlossen. Die Blüten duften.

Die Pflanze kann sowohl in der Größe als auch in der Blütenfarbe, von hellgelb bis dunkelgelb, variieren.

T. crocata besiedelt Felsen und ist in Bolivien, Brasilien, Uruguay und Argentinien zu Hause. Ihr klumpenförmiger Wuchs ist zwar dekorativ, bedeutet aber auch eine Gefahrenquelle für Nässestau. Deshalb sollte für gute Luftzirkulation gesorgt werden. Ansonsten ist *T. crocata*, die gemäß ihrer dichten Beschuppung hell und sonnig untergebracht sein sollte, eine einfach zu kultivierende Art.

Eine nahe Verwandte ist die erst kürzlich beschriebene *T. caliginosa* Till.

Tillandsia cyanea

Tillandsia crocata

Tillandsia cyanea

Linden ex K. Koch, 1867
Untergattung *Phytarrhiza*; grün

Die stammlosen Pflanzen werden blühend bis 30 cm hoch. Die zahlreichen Blätter bilden eine spreizende bis ausgebreitete Rosette von 40 cm im Durchmesser. Die elliptischen Scheiden sind bis 6 cm hoch. Die schmal-dreieckigen Spreiten sind bis 35 cm lang, 1 bis 2 cm breit und nur wenig beschuppt. Sie sind grün und zur Basis hin rot gestreift. Der aufrechte Infloreszenzschaft ist nur kurz und wird fast vollständig von den Blättern verdeckt. Von den dicht dachziegelartig angeordneten Hochblättern sind die unteren rosettenblattartig entwickelt, die oberen sind elliptisch und zugespitzt. Die einfache, schwertförmige Infloreszenz erreicht eine Länge bis zu 16 cm und eine Breite von 7 cm. Sie ist stark abgeflacht und zweizeilig mit etwa 20 Blüten besetzt. Die elliptischen Deckblätter, die die Kelchblätter weit überragen, sind scharf gekielt. Mit ihrer rosaroten bis rötlichen Färbung bilden sie den Schmuck der Infloreszenz. Die elliptischen Kelchblätter werden bis 35 mm lang, sie sind nicht verwachsen, aber die beiden hinteren sind gekielt. Die dunkelvioletten Blütenblätter besitzen große, 2 bis 3 cm lange, spreizende Platten. Sie gehören zu den größten Tillandsien-Blüten überhaupt. Die Staubblätter und der Griffel sind in der Blüte eingeschlossen.

Von *T. cyanea* sind drei Varietäten bekannt:

T. cyanea var. **cyanea** mit den oben aufgeführten Merkmalen.

T. cyanea var. **tricolor** (André) L. B. Smith, 1951 besitzt einen kurzen Infloreszenzschaft und blaue Blüten mit weißen Flecken im Zentrum.

T. cyanea var. **elatior** L. B. Smith, 1955 zeichnet sich durch einen verlängerten, bis 29 cm langen Infloreszenzschaft aus.

T. cyanea ist lange in Kultur und wurde auch züchterisch bearbeitet. Es existieren verschiedene Hybriden mit *T. lindenii* Regel und zahlreiche Ausleseformen.

Verbreitet sind *T. cyanea* und ihre Varietäten in Ekuador, wo sie epiphytisch auf Bäumen wachsen.

Als grüne Tillandsie kann die Pflanze sowohl in Töpfen als auch auf Hölzer aufgebunden kultiviert werden. Eine Topfkultur ist vorzuziehen, da bei epiphytischer Verwendung die Gefahr besteht, daß die Wurzeln austrocknen. Ein halbschattiger Platz, eine Wasserversorgung, die das Substrat nie ganz austrocknen läßt und regelmäßige Düngung garantieren für guten Wuchs und schöne Pflanzen.

Ähnliche Arten mit großen Blüten sind *T. lindenii* Regel und *T. umbellata* André. *T. lindenii* besitzt tiefblaue Blüten mit weißem Zentrum. Auch *T. umbellata* überrascht mit großen, blauen, weißäugigen Blüten, doch unterscheidet sie sich vor allem durch eine kleinere Infloreszenz, die die Blüten doldig angeordnet erscheinen läßt.

Tillandsia disticha

Tillandsia disticha

H. B. K., 1816
Untergattung *Allardtia*; grau

Die stammlosen Pflanzen variieren sehr stark in ihrer Größe, sie können blühend 15 bis 60 cm erreichen. Die aufrechten bis spreizenden Blätter stehen in einer schlanken Rosette beisammen. Die löffelförmigen Scheiden bilden insgesamt eine bis 4 cm hohe Scheinzwiebel. Teilweise sind die Ränder violettbraun gesäumt und mit großen, asymmetrischen Schuppen besetzt. Die äußersten Scheiden sind spreitenlos oder nur kurz bespitzt. Die fadenförmigen, 3 mm breiten Spreiten sind stark rinnig und dicht grau beschuppt oder fast kahl. Der aufrechte Infloreszenzschaft ist kürzer als die Blätter und dicht dachziegelartig mit rosettenblattartigen Hochblättern besetzt. Selten ist die Infloreszenz einfach ausgebildet, meist besteht sie aus wenigen Ähren. Die lanzettlichen Tragblätter sind kürzer als die 4 bis 6 (bis 14) cm langen Ähren, die lineal und stark abgeflacht sind. Die dreieckigen Deckblätter werden bis 10 mm lang und überragen meist die Kelchblätter. Am Rükken sind sie gekielt, die Nerven treten hervor. Die zugespitzten Kelchblätter sind ebenfalls gekielt. Die schmal-lanzettlichen Blütenblätter sind bis 15 mm lang und gelb, ihre Spitzen sind ausgebreitet.

Die Staubblätter und der Griffel sind in der Blüte eingeschlossen.

T. disticha ist eine sehr variable Art, von der einige Formen abzugrenzen wären. Im Küstengebiet von Ekuador beispielsweise sind die Pflanzen grün, und die Scheinzwiebeln werden von Ameisen bewohnt. In den Trockenwäldern von Südekuador und Nordperu sind die Pflanzen dichter mit Schuppen bedeckt, erscheinen daher grau und werden nicht von Ameisen besiedelt. Neben Ekuador und Peru kommt *T. disticha* auch in Kolumbien vor. In Höhenlagen bis 2100 m wächst sie epiphytisch auf Bäumen oder an Felsen.

Die Pflanze benötigt viel Sonne und vor allem bei hohen Temperaturen regelmäßige Wassergaben.

Tillandsia duratii

Vis., 1840
Untergattung *Phytarrhiza*; grau

In der Größe ist die kurz stammbildende Pflanze sehr variabel. Blühend erreicht sie Höhen von 20 bis über 100 cm. Die spiralig angeordneten Blätter stehen ausgebreitet, meist aber zurückgeschlagen an der Achse. Die großen, fast rundlichen Scheiden werden bis 5 cm hoch. Charakteristisch an den Spreiten sind die eingerollten Spitzen. Außerdem sind sie schmal-dreieckig, dick, rinnig und dicht silbergrau beschuppt. Der aufrechte Infloreszenzschaft ist dicht mit dachziegelartig angeordneten Hochblättern besetzt. Sie sind beschuppt und stehen aufrecht, dem Schaft dicht angedrückt. Selten ist die Infloreszenz einfach, meist besteht sie aus zwei bis acht Ähren. Entsprechend der Größe der Pflanze wird die Infloreszenz 6 bis 60 cm lang. Die Tragblätter sind wie die Hochblätter gestaltet, sie sind aufrecht und umschließen die sterile Basis der Seitenäste. Die abgeflachten Ähren sind lanzettlich bis lineal und aufrecht oder abspreizend. Die ovalen oder elliptischen Deckblätter sind 14 mm lang. In der Form und Größe gleichen die Kelchblätter den Deckblättern, sonst sind sie derb, kahl und ungleich kurz verwachsen. Die 25 mm langen Blütenblätter sind blau oder lila mit weißem Zentrum, ihre Platten sind ausgebreitet. Die Staubblätter und der Griffel sind in der Blüte eingeschlossen, die stark nach Honig duftet.

Man unterscheidet bei dieser Art drei Varietäten:

T. duratii var. **duratii.** Die Ähren stehen aufrecht an der Infloreszenzachse. Die Deckblätter sind dicht beschuppt.

T. duratii var. **confusa** (Hassler) L. B. Smith, 1968. Die Ähren stehen bogig-abspreizend an der Infloreszenzachse. Die Deckblätter sind dicht beschuppt.

T. duratii var. **saxatilis** (Hassler) L. B. Smith, 1968. Die Ähren stehen bogig-abspreizend an der Infloreszenzachse. Die Deckblätter sind kahl oder fast kahl.

T. duratii wächst epiphytisch in den Trockenwäldern von Bolivien, Paraguay, Uruguay und Nordargentinien. Bemerkenswert an den Pflanzen ist die Einrollung der Blattspitzen. In der Natur schlin-

Tillandsia duratii* var. *duratii

gen sich die Blätter um die Äste und geben so der Pflanze zusätzlichen Halt.

Einfach und problemlos ist die Kultur von *T. duratii*. Ein sonniger Standort und mäßige Wassergaben sind die Voraussetzung für gutes Gedeihen.

Tillandsia edithae

Tillandsia edithae

Rauh, 1974
Untergattung *Allardtia*; grau

Die Pflanze bildet lange, dicht spiralig beblätterte Stämmchen. Die rundlichen Scheiden werden von den Blättern bedeckt. Die kurz-dreieckigen Spreiten sind 5 bis 6 cm lang und dicht grau beschuppt. Der aufrechte Infloreszenzschaft ist 3 bis 5 cm lang und dicht spiralig mit laubblattähnlichen Hochblättern besetzt. Die einfache Infloreszenz ist kopfförmig, 4 cm lang und 2 cm im Durchmesser. Die acht bis zwölf Blüten sind spiralig angeordnet. Die Deckblätter überragen die Kelchblätter, sie sind in der unteren Hälfte grünlich und kahl, an der Spitze rötlich und dicht beschuppt. Die unteren Deckblätter sind mit 5 bis 10 mm langen Spreiten ausgestattet, die oberen sind spreitenlos. Die weißen, rot bespitzten Kelchblätter sind 14 mm lang, bis zum Grunde frei, häutig, die hinteren sind gekielt. Die leuchtend roten Blütenblätter sind aufrecht mit etwas spreizenden Spitzen, sie werden 30 mm lang. Die Staubblätter und der Griffel sind in der Blüte eingeschlossen.

T. edithae ist nur aus Bolivien bekannt, und zwar aus der Provinz Lajecara. Sie besiedelt Felsen und Steilhänge in einer Höhenlage von 2700 m.

Aufgrund ihres exponierten natürlichen Standortes benötigt die Art auch in der Kultur einen hellen, sonnigen Platz. Sie gehört zu den Pflanzen, die ein ganzes Büschel von Kindeln (siehe Seite 29) bilden, so daß die Vermehrung gesichert ist. Außerdem entstehen auch Kindel direkt unterhalb der Infloreszenz, wie es bei stammbildenden Arten üblich ist, so daß sich der Sproßstrang stetig verlängert.

Tillandsia fasciculata* var. *uncispica

Tillandsia fasciculata

Sw., 1788
Untergattung *Tillandsia*; grau

Die stammlosen Pflanzen variieren in der Größe und werden 20 bis 100 cm hoch. Oft bilden sie größere Klumpen. Die zahlreichen Blätter stehen dicht in einer ausgebreiteten bis aufrechten Rosette. Die ovalen Scheiden sind wenigstens an der Basis dunkelbraun und dicht beschuppt. Die schmal-dreieckigen Spreiten sind derb und an der Basis 2 bis 4 cm breit. Auf beiden Seiten sind sie angedrückt beschuppt. Der aufrechte Infloreszenzschaft ist kräftig entwickelt und trägt in dicht dachziegelartiger Anordnung die aufrechten Hochblätter. Die unteren Hochblätter sind rosettenblattähnlich, die oberen breit-oval, angedrückt, beschuppt und rot oder grünlichrot gefärbt. Auch die Infloreszenz ist variabel, sie ist einfachährig oder aus mehreren Ähren zusammengesetzt. Die breit-ovalen Tragblätter sind kürzer als die Ähren und beschuppt. Die aufrechten oder abstehenden Ähren sind abgeflacht, bis zu 30 cm lang und 4 cm breit. Sie sitzen an der Achse oder sind gestielt. An ihrer Basis befinden sich meist mehrere sterile Deckblätter. Die blütentragenden Deckblätter sind breit-oval, zugespitzt, 2 bis 5 cm lang und überragen meist die Kelchblätter. Sie sind glatt oder zur Spitze hin genervt, meist kahl, gekielt und rot oder rötlichgelb gefärbt. Die lanzettlichen Kelchblätter sind gekielt, die hinteren meist hoch miteinander verwachsen. Die aufrechten Blütenblätter erreichen eine Länge von 6 cm, ihr sichtbarer Teil ist malvenfarben bis blauviolett. Die Staubblätter und der Griffel ragen aus der röhrenförmigen Blüte heraus.

T. fasciculata gehört zu den am weitesten verbreiteten *Tillandsia*-Arten und ist sehr variabel, so daß einige Varietäten beschrieben wurden. Sie sind vor allem durch unterschiedliche Ähren gekennzeichnet. Auch eine Naturhybride mit *T. balbisiana* (siehe Seite 43) ist bekannt. Sie wird als *T.* × *smalliana* bezeichnet.

Das große Verbreitungsgebiet von *T. fasciculata* erstreckt sich von Florida über die Karibik und Mittelamerika bis zum nördlichen Südamerika. Sie wächst epiphytisch in Wäldern in Höhenlagen bis zu 1800 m.

In der Kultur ist die gesamte *T. fasciculata*-Gruppe sehr einfach. Die robusten Pflanzen benötigen einen hellen Standort und gute Luftzirkulation. Kindel werden reichlich gebildet. Wenn sie eine entsprechende Größe erreicht haben, behindern sie sich jedoch gegenseitig und sollten abgenommen werden.

Tillandsia filifolia

Schlechtend. & Cham., 1831
Untergattung *Tillandsia*; grau

Die meist stammlos in größeren Klumpen wachsenden Pflanzen werden blühend bis 30 cm hoch. Die zahlreichen Blätter, die allseitig abstehen, bilden eine dichte Rosette. Die dreieckigen Scheiden sind dunkelbraun, verdickt und bilden eine Zwiebel. Die fadenförmigen Spreiten sind rinnig, grün und grau beschuppt. Der aufrechte Infloreszenzschaft ist dünn und trägt die mit einer fadenförmigen Spreite ausgestatteten Hochblätter. Die breit-pyramidenförmige Infloreszenz ist locker aus fünf bis zehn Ähren zusammengesetzt. Die kurzen Tragblätter sind fast kahl. Die spreizenden Ähren sind locker mit 10 bis 16 Blüten an der zickzackförmigen Rhachis besetzt. Die elliptischen Deckblätter spreizen in einem Winkel von 45 °ab und sind etwa so lang wie die deutlich genervten Kelchblätter, die außen kahl, innen aber beschuppt sind. Die 1 cm langen Blütenblätter sind hellviolett gefärbt, mit ausgebreiteten Spitzen. Die Staubblätter und der Griffel sind etwa so lang wie die Blütenblätter, aber durch deren ausgebreitete Spitzen gut sichtbar.

Die Heimat von *T. filifolia* sind Wälder von Zentralmexiko bis Costa Rica. Hier wächst sie in Höhenlagen von 100 bis 2000 m epiphytisch, entweder einzeln oder in dichten Beständen.

Die Pflanze sollte eher halbschattig kultiviert werden und braucht relativ viel Feuchtigkeit. Auch eine gute Luftzirkulation ist wichtig. Durch die grasbüschelförmigen Rosetten ist *T. filifolia* auch im nichtblühenden Zustand eine attraktive Erscheinung.

Tillandsia fuchsii

W. Till, 1990
Untergattung *Tillandsia*; grau

Die blühenden Pflanzen werden bis 25 cm hoch. Die zahlreichen Blätter stehen dicht in einer 10 bis 12 cm im Durchmesser großen, kugeligen Rosette beisammen. Die nahezu dreieckigen Scheiden sind verdickt und bilden insgesamt eine Zwiebel. Die fadenförmigen Spreiten sind an der Basis 2 mm breit und dicht beschuppt. Der aufrechte Infloreszenzschaft überragt deutlich die Blätter, er wird von aufrechtstehenden Hochblättern umfaßt, die mit einer fadenförmigen Spreite versehen oder abrupt zugespitzt sind. Auf der Außenseite sind die Hochblätter dicht beschuppt. Die etwa 7 cm lange Infloreszenz trägt an einer zickzackförmigen Rhachis fünf bis zehn Blüten in lokkerer, zweizeiliger Anordnung. Die breitelliptischen Deckblätter sind mit 9 mm deutlich kürzer als die Kelchblätter, sie sind rot gefärbt und breit häutig gesäumt. Die elliptischen Kelchblätter sind 14 mm lang und leuchtend rot. Die bis 3 cm langen Blütenblätter sind an der Basis weiß, sonst violett und bilden eine aufrechte Röhre. Die Staubblätter und der Griffel ragen aus der Blüte heraus, wobei die gelbgrünen Filamente einen schönen Kontrast zur violetten Blüte bilden.

T. fuchsii var. **stephanii** W.Till, 1990 zeichnet sich durch dunkel olivrote Infloreszenzen aus.

T. fuchsii besiedelt das Hochland von Mexiko und Guatemala, wo sie epiphytisch wächst.

Ein sonniger Standort und gute Luftzirkulation sollten den Pflanzen in der Kultur geboten werden. Es empfiehlt sich, die Pflanzen im Sommer im Freien zu kultivieren. *T. fuchsii* ist eine sehr dekorative Art, die bei aufmerksamer Pflege gut gedeiht.

Die Pflanzen, die dieser Art angehören, waren bisher unter dem Namen *T. argentea* Griseb. bekannt. Neuere Untersuchungen zeigten jedoch, daß sich unter diesem Namen zwei Arten verbergen, so daß *T. fuchsii* von *T. argentea* abgetrennt wurde. *T. argentea* unterscheidet sich von *T. fuchsii* vor allem durch die fehlende Zwiebelbildung, die purpurroten, spreizenden Blütenblätter und die purpurroten Filamente. Ihr Verbreitungsgebiet ist auf Kuba und Jamaika beschränkt. Es besteht also auch eine räumliche Trennung der Arten.

Tillandsia funckiana

Baker, 1889
Untergattung *Tillandsia*; grau

Die Pflanze bildet lange, verzweigte Stämmchen, die dicht spiralig mit Blättern besetzt sind. Die dreieckigen Scheiden werden bis 5 mm hoch und sind beiderseits grau beschuppt. Die aufrechten bis zurückgekrümmten Spreiten sind lang-zugespitzt, bis 25 mm lang, dicht beschuppt und unterseits gekielt. Die obersten Blätter färben sich zur Blütezeit rot. Ein Infloreszenzschaft wird nicht ausgebildet. Die

Tillandsia fuchsii

Infloreszenz besteht nur aus einer einzigen, selten zwei Blüten. Die lanzettlichen Deckblätter sind dünnhäutig und etwa halb so lang wie die 15 mm langen, bleichgrünen Kelchblätter. Die bis 5 cm langen Blütenblätter sind leuchtend rot mit zurückgekrümmten Spitzen. Die Staubblätter und der Griffel ragen aus der Blüte heraus.

Hinsichtlich der Blattlänge und Dichte der Beblätterung ist die Art recht variabel.

T. funckiana var. **recurvifolia** A. Blass ex Rauh, 1989 besitzt dicke Stämmchen. Die silbergrauen Blätter sind einseitswendig gekrümmt.

In ihrer Heimat Venezuela wächst *T. funckiana* in Massenbeständen an Felswänden in einer Höhenlage von 1000 bis 1700 m. Unter dem Einfluß intensiver Sonneneinstrahlung verfärben sich die Blätter rötlich.

Für die erfolgreiche Kultur benötigt *T. funckiana* einen sonnigen Platz. Sie kann auf Steine gepflanzt oder auf Hölzer aufgebunden werden.

Eine Verwandte ist *T. andreana* E. Morren ex André, die keine Stämmchen bildet. Staubblätter und Griffel sind in der Blüte eingeschlossen, und die Filamente sind gefaltet. Auch geographisch sind beide Arten deutlich getrennt, denn *T. andreana* ist in Kolumbien beheimatet.

Tillandsia gardneri

Lindl., 1842
Untergattung *Anoplophytum*; grau

Die stammlosen Pflanzen erreichen blühend eine Höhe von 15 bis 25 cm. Die zahlreichen Blätter bilden eine kompakte, oft auch einseitswendige Rosette. Die Scheiden gehen unmerklich in die Spreiten über, die schmal-dreieckig sind. Sie werden bis 25 cm lang, sind dicht silbergrau beschuppt und ausgebreitet bis zurückgeschlagen. Der aufrechte bis übergebogene Infloreszenzschaft ist bis 15 cm lang und dicht beschuppt. Die dicht dachziegelartig angeordneten Hochblätter gleichen den Rosettenblättern, nur die obersten sind lanzettlich. Die aus vier bis zwölf Ähren zusammengesetzte Infloreszenz ist elliptisch oder kugelig und 4 bis 6 cm lang. Die Tragblätter gleichen den oberen Hochblättern, die unteren überragen die Ähren, die oberen sind kürzer. Die ovalen bis lanzettlichen Ähren sind abgeflacht und tragen in zweizeiliger Anordnung drei bis zwölf Blüten. Die ovalen, zugespitzten Deckblätter sind bis 2 cm lang, zur Spitze hin gekielt und dicht beschuppt. Die Deckblätter verbergen die Kelchblätter, die zugespitzt oder stumpf, gekielt und beschuppt sind. Die Blütenblätter sind etwa so lang wie die Deckblätter, rosarot oder hell lavendelfarben und bilden eine Röhre. Die Staubblätter und der Griffel sind in der Blüte eingeschlossen. Die Filamente sind gefaltet.

In den letzten Jahren wurden zwei Varietäten beschrieben:

T. gardneri var. **rupicola** E. Pereira, 1981 unterscheidet sich von der Art durch die Bildung von Stämmchen und ist bis jetzt nur aus Brasilien (Rio de Janeiro) bekannt.

T. gardneri var. **virescens** E. Pereira, 1979 zeichnet sich, worauf auch der Name hindeutet, durch eine grüne Infloreszenz aus: Deckblätter und der Infloreszenzschaft mit den Hochblättern sind grün gefärbt.

Tillandsia geminiflora

Linke Seite oben: **_Tillandsia funckiana_**

Linke Seite unten: **_Tillandsia gardneri_**

Tillandsia geminiflora

Brongn., 1829
Untergattung *Anoplophytum*; grau

Die stammlosen Pflanzen werden blühend bis 20 cm hoch. Die zahlreichen Blätter bilden eine dichte, oft einseitswendige Rosette. Die Scheiden gehen unmerklich in die Spreiten über. Die schmal-dreieckigen Spreiten sind 10 bis 15 cm lang, grün, dicht grau beschuppt. Der aufrechte oder gekrümmte Infloreszenzschaft wird 6 bis 9 cm lang, ist rötlich und beschuppt. Die dachziegelartig angeordneten Hochblätter bedecken den Schaft, sie sind rot mit grüner Spitze und beschuppt. Die kugelige bis kurz-pyramidenförmige Infloreszenz setzt sich aus bis zu 15 spiralig angeordneten Ähren zusammen und wird 8 bis 10 cm lang. Die Tragblätter gleichen den Hochblättern, sie überragen die unteren Ähren. Die locker mit zwei bis vier Blüten besetzten Ähren sind gestielt. Die ovalen, zugespitzten Deckblätter sind kürzer als die Kelchblätter, gekielt und beschuppt. Die lanzettlichen Kelchblätter sind 12 bis 14 mm lang, derb, die hinteren sind 2 bis 3 mm hoch miteinander verwachsen. Die Blütenblätter werden bis 18 mm lang, sie sind rosarot, ihre Spitzen sind ausgebreitet. Die Staubblätter mit den gefalteten Filamenten und der Griffel sind in der Blüte eingeschlossen.

T. geminiflora var. **incana** (Wawra) Mez, 1894 unterscheidet sich durch eine dichtere, abstehende Beschuppung und etwas dichter angeordnete Blätter.

T. geminiflora ist eine weitverbreitete Art, die hauptsächlich in Brasilien, aber auch in Paraguay, Uruguay und Argentinien vorkommt. Sie wächst epiphytisch in Wäldern von Meereshöhe bis 1400 m.

Die Art ist einfach in der Kultur und blüht regelmäßig. Sie sollte hell und mäßig feucht gehalten werden.

Tillandsia ionantha

Planch., 1855
Untergattung *Tillandsia*; grau

Die stammlosen Pflanzen wachsen in kleinen Gruppen oder ummanteln in dichten Klumpen die Äste. Die zahlreichen Blätter bilden eine kompakte, zwiebelartige Rosette. Die elliptischen Scheiden sind etwa halb so lang wie die Spreiten. Diese sind 3 bis 4 cm lang, schmal-dreieckig, aufrecht bis spreizend, grün, dicht beschuppt. Zur Blütezeit oder durch starke Sonneneinstrahlung verfärben sich die inneren Rosettenblätter leuchtend rot. Der Infloreszenzschaft ist nur sehr kurz entwickelt oder fehlt. Die Infloreszenz erscheint als einfache Ähre mit spiralig angeordneten Blüten. Tatsächlich handelt es sich aber um reduzierte, einblütige Ähren. Die lanzettlichen Tragblätter sind dünnhäutig und an der Spitze beschuppt. Die Deckblätter gleichen den Tragblättern. Die lanzettlichen Kelchblätter sind 16 mm lang, dünnhäutig, die hinteren sind gekielt und kurz miteinander verwachsen. Die violetten Blütenblätter bilden eine aufrechte, 4 cm lange Röhre, aus der Staubblätter und Griffel herausragen.

T. ionantha ist eine hinsichtlich Größe, Wuchs und Ausbildung des Blütenstandes recht formenreiche Art. In den letzten Jahren verzeichnete man eine steigende Nachfrage, so daß die Art auch Eingang in die Tillandsienzucht gefunden hat.

T. ionantha var. **vanhyningii** M.B. Foster, 1957 zeichnet sich durch die Bildung verlängerter Achsen aus. Sie wächst nur an den steilabfallenden Felswänden des Rio Grijalva in Mexiko.

Von *T. ionantha* sind außerdem Formen bekannt, die auf der unterschiedlichen geographischen Verbreitung der Pflanzen beruhen. Exemplare aus Guatemala haben dichter beschuppte Blätter und sind größer als die Pflanzen aus Mexiko. Schließlich gibt es Hybriden und Ausleseformen. Mit *T. brachycaulos* (siehe Seite 44) entstand eine Hybride, die auch unter dem Namen *T.* × *victoria* bekannt ist. Eine Form mit fast kugeligen Rosetten wird unter dem Namen 'Haselnuß' gehandelt.

Das Verbreitungsgebiet von *T. ionantha* erstreckt sich von Mexiko über Guatemala, Honduras, Salvador und Nicaragua. Sie soll auch im Boden wurzelnd vorkommen, doch überwiegt der epiphytische Wuchs. Ihre Heimatgebiete sind heiß und zeitweise trocken.

Die große Beliebtheit von *T. ionantha* hat ihre guten Gründe. Die Pflanzen sind einfach zu kultivieren, zeigen blühend und nichtblühend ein attraktives Erscheinungsbild, sie sind klein und nicht zuletzt preiswert in der Anschaffung. Bei sonnigem Standort und mäßigen Wassergaben bildet die Pflanze auch bald Wurzeln, die sie fest auf ihrer Unterlage verankern.

Die früher als *T. ionantha* var. *scaposa* bezeichneten Pflanzen werden heute als eigene Art, *T. kolbii* W. Till & Schatzl, 1981, betrachtet. Sie sind durch einen deutlich entwickelten Infloreszenzschaft und die zweizeilig angeordneten Deckblätter von *T. ionantha* zu unterscheiden. *T. kolbii* ist zwar ebenfalls in Mexiko beheimatet, doch ist sie nur in den höher gelegenen Nebelwäldern zu finden. In der Kultur sollte *T. kolbii* deshalb feuchter und auch kühler gehalten werden als *T. ionantha*.

Tillandsia juncea

(Ruiz & Pav.) Poir., 1817
Untergattung *Tillandsia*; grau

Die stammlosen Pflanzen werden bis 50 cm hoch. Gewöhnlich wachsen sie in Büscheln. Die zahlreichen Blätter stehen mehr oder weniger aufrecht in einer buschigen Rosette. Die deutlich ausgebildeten Scheiden sind dunkelbraun. Die fadenförmigen Spreiten sind hart, rinnig und dicht beschuppt. Der aufrechte oder übergebogene Infloreszenzschaft ist kräftig entwickelt und etwa so lang wie die Blätter. Die aufrechten, den Schaft umfassenden Hochblätter sind dachziegelartig angeordnet. Sie sind grün oder karminrot, dicht beschuppt und mit fadenförmigen Spreiten versehen. Die Infloreszenz ist dicht aus wenigen Ähren zusammengesetzt. Manchmal ist sie auch auf eine einzige Ähre mit spiralig angeordneten Blüten reduziert. Die Tragblätter gleichen den oberen Hochblättern, ihre Scheiden sind kürzer als die Ähren. Die elliptischen oder lanzettlichen Ähren sind 4 cm lang, etwas abgeflacht und zweizeilig mit Blüten besetzt. Die breit-ovalen Deckblätter sind dachziegelartig angeordnet. Meist überra-

Tillandsia juncea

gen sie die Kelchblätter, sie sind gekielt, dicht beschuppt und rot gefärbt. Die lanzettlichen Kelchblätter werden 15 bis 20 mm lang, sie sind derb und gekielt, die hinteren sind 7 bis 8 mm hoch verwachsen. Die violetten Blütenblätter bilden eine 4 cm lange Röhre, aus der Staubblätter und Griffel herausragen.

T. juncea gehört zu den am weitesten verbreiteten Tillandsien und ist demzufolge auch sehr variabel. Beispielsweise gibt es eine ekuadorianische Form, die kleiner ist und mehr gelblichgrüne Blätter besitzt.

Beheimatet ist *T. juncea* von Mexiko und den Großen Antillen bis Bolivien. In Südekuador und Nordperu gehört sie zu den Charakterpflanzen der laubwerfenden Trockenwälder in Höhenlagen von 700 bis 1200 m.

Nach Möglichkeit sollte die Pflanze im Sommer im Freien kultiviert werden, da sie gute Luftzirkulation braucht. In der Natur kommt die Art auch im Boden wurzelnd vor. Sie erzeugt genügend Wurzeln, die zur Wasseraufnahme befähigt sind. Deshalb kann sie auch als Topfpflanze gehalten werden. *T. juncea* ist eine robuste Pflanze, die allerdings recht langsam wächst. Die Kindel entstehen an kurzen Ausläufern und benötigen zwei bis drei Jahre bis zur Blühreife.

Tillandsia latifolia

Meyen, 1835
Untergattung *Allardtia*; grau

Die sehr variablen, stammbildenden Pflanzen werden bis zu 60 cm hoch. Die zahlreichen Blätter bilden eine ausgebreitete Rosette. Die Scheiden sind wenig deutlich ausgeprägt. Die dreieckigen Spreiten sind lang-zugespitzt und dicht grau beschuppt. Der kräftige Infloreszenzschaft ist kürzer oder länger als die Blätter, aber immer deutlich entwickelt. Die dachziegelartig angeordneten, dicht beschuppten Hochblätter tragen lange, dünne, spreizende oder zurückgekrümmte Spreiten. Die Infloreszenz setzt sich dicht aus aufrechten Ähren zusammen oder locker aus spreizenden Ähren. Die Tragblätter gleichen den Hochblättern, sind aber nur zugespitzt oder bespitzt. Gewöhnlich sind sie kürzer als die Ähren, die lanzettlich und sechs- bis zwölfblütig sind. Die dicht dachziegelartig angeordneten Deckblätter sind 15 bis 23 mm lang und damit so lang wie die Kelchblätter oder diese überragend. Sie sind derb, gekielt, grau beschuppt und verkahlen im Alter. Die wenig beschuppten Kelchblätter werden 12 bis 20 mm lang, die hinteren sind 8 mm hoch verwachsen und gekielt. Die rosa- bis purpurroten Blütenblätter besitzen 8 mm lange, spreizende Platten. Die Staubblätter mit den gefalteten Filamen-

Tillandsia latifolia var. leucophylla

ten und der Griffel sind in der Blüte eingeschlossen.

Die Art ist vielgestaltig, es sind einige Varietäten bekannt:

T. latifolia var. **divaricata** (Benth.) Mez, 1896 besitzt kahle, abspreizende Ähren.

T. latifolia var. **latifolia** zeichnet sich durch aufrechte Ähren aus. Oft werden Kindel im Bereich der Infloreszenz gebildet. Ihre Heimat ist die Küstensandwüste in Peru, wo sie in dichten Polstern oder Strängen wächst.

T. latifolia var. **leucophylla** Rauh, 1974 besitzt schneeweiße Rosettenblätter und eine hängende Infloreszenz. Bisher wurde sie nur in Nordperu, an Felswänden wachsend, gefunden.

T. latifolia var. **major** Mez, 1896 ist in allen Teilen größer als die Art und gehört zu den Charakterpflanzen der Küstensandwüste.

T. latifolia ist in Peru und Ekuador heimisch, wo sie im Boden wurzelnd, epiphytisch oder auf Felsen wachsend vorkommt. In Peru bildet sie ausgedehnte Bestände in der Küstenwüste. Die Pflanzen liegen in dichten Rasen oder Strängen dem Wüstensand direkt auf. Interessant in diesem Zusammenhang ist die vegetative Vermehrung. Ähnlich wie bei der Ananas wächst das Ende des Blütenstandes zu einer großen Rosette aus. Unter dem Gewicht der neuen Pflanze neigt sich der Infloreszenzschaft auf den Boden und die Tochterpflanze kann einwurzeln. *T. latifolia* und ihre Varietäten sind herrliche Pflanzen, die einfach zu kultivieren sind. Ein sonniger Platz versteht sich für diese Wüstentillandsien von selbst.

Tillandsia loliacea

Mart. ex Schult. f., 1830
Untergattung *Diaphoranthema*; grau

Die kleinen, klumpenbildenden Pflanzen werden bühend etwa 10 cm hoch. Es werden kurze Stämmchen gebildet, die einfach oder verzweigt sind. Die zahlreichen

Links: ***Tillandsia macbrideana***

Rechts: ***Tillandsia loliacea***

Blätter stehen aufrecht in einer Rosette zusammen. Zuweilen sind sie auch einseitswendig angeordnet. Die bleichen Scheiden sind etwa 3 mm hoch und kahl. Die schmal-dreieckigen Spreiten sind lang-zugespitzt, 2 bis 5 cm lang, derb und dicht beschuppt. Der aufrechte oder gekrümmte Infloreszenzschaft wird bis 10 cm lang. An ihm stehen die aufrechten Hochblätter, die dicht beschuppt sind. Die Infloreszenz ist eine 4 bis 5 cm lange, einfache Ähre mit wenigen oder bis zu 16 Blüten. Die Ährenrhachis ist abgeflacht und zickzackförmig. Die ovalen Deckblätter, mehr oder weniger so lang wie die Kelchblätter, sind dünn, genervt und dicht beschuppt. Die lanzettlichen Kelchblätter sind 9 mm lang, kahl, genervt, die hinteren sind kurz miteinander verwachsen. Die hellgelben Blütenblätter überragen mit ihren spreizenden Spitzen die Kelchblätter nur wenig. Die Staubblätter und der Griffel sind in der Blüte eingeschlossen.

Bolivien, Brasilien, Paraguay und Argentinien sind die Heimat von *T. loliacea*. Hier wächst sie epiphytisch oder auf Felsen in Trockengebieten.

T. loliacea gehört zu den kleinwüchsigen, klumpen- oder rasenbildenden Arten, die sehr einfach zu pflegen sind. Auch in der Kultur werden Früchte mit Samen gebildet.

Tillandsia macbrideana

L. B. Smith, 1930
Untergattung *Anoplophytum*; grau

Die Pflanzen bilden beblätterte Stämmchen bis zu 30 cm Länge, die vielfach verzweigt sind. Die spiralig angeordneten Blätter stehen dicht dachziegelartig an den Stämmchen. Die breit-elliptischen Scheiden sind nicht deutlich abgesetzt. Die dreieckigen Spreiten sind 3 bis 5 cm lang und dicht grau beschuppt. Ihre Spitzen sind zurückgekrümmt. Der Infloreszenzschaft ist nur kurz entwickelt oder fehlt. Die Infloreszenz ist eine einfache Ähre, bis 4 cm lang, lanzettlich und zweizeilig mit fünf bis zehn Blüten besetzt. Die aufrechten Deckblätter sind dachziegelartig angeordnet, aber so schmal, daß die Ährenrhachis zur Blütezeit sichtbar ist. Sie erreichen eine Länge von 2 cm, überragen die Kelchblätter, sind rosarot und dicht beschuppt. Die schmal-lanzettlichen Kelchblätter sind gekielt, die hinteren sind 5 cm hoch miteinander verwachsen. Die bis 25 mm langen Blütenblätter sind rosarot, ihre Spitzen sind ausgebreitet bis zurückgeschlagen. Die Staubblätter und der Griffel sind in der Blüte eingeschlossen.

T. macbrideana ist eine formenreiche Art, von der mehrere Varietäten beschrieben wurden:

T. macbrideana var. **atroviolacea** Rauh, 1985 fällt durch eine dunkel rotviolette Färbung der Blätter auf, die in der Kultur aber oft verlorengeht. Die Infloreszenz ist meist abwärts gebogen.

T. macbrideana var. **longifolia** Rauh, 1985. Die bis 15 cm langen Blätter sind an der Spitze eingerollt. Der Infloreszenzschaft ist deutlich entwickelt und sichtbar.

T. macbrideana var. **longispica** Rauh, 1985 zeichnet sich durch lange, bis 20blütige Ähren aus. Der Infloreszenzschaft ist nicht sichtbar.

T. macbrideana var. **major** Rauh, 1985. Die lebenden Rosetten der Pflanzen werden 20 bis 25 cm hoch. Die auffallend weiß beschuppten Blätter sind am Rükken bisweilen gekielt.

Beheimatet ist *T. macbrideana* mit all ihren Varietäten in Peru, wo sie ausschließlich Felswände besiedelt. Sie ist nur in den Hochlagen von 2000 bis 3000 m zu finden.

Gemäß ihrem natürlichen Standort sind die Pflanzen hell und sonnig zu kultivieren und sollten in frostfreien Monaten unbedingt im Freien gehalten werden. Gerade eine herbstliche Witterung mit kühlen Nächten, morgendlicher Taubildung und tagsüber Sonnenschein entspricht den klimatischen Bedingungen in der Heimat und kräftigt die Pflanzen.

Tillandsia macdougallii

L. B. Smith, 1949
Untergattung *Tillandsia*; grau

Die stammlosen Pflanzen wachsen in größeren Klumpen. Die zahlreichen Blätter bilden eine kompakte, silbergraue Rosette. Die breit-elliptischen Scheiden sind deutlich abgesetzt von den schmal-dreieckigen Spreiten. Letztere sind lang-zugespitzt, 15 bis 20 cm lang, dicht grau beschuppt, ihre Ränder sind etwas aufgebogen. Der hängende Infloreszenzschaft wird bis 15 cm lang. Meist wird er von den Blättern eingehüllt. Die den Rosettenblättern gleichenden Hochblätter sind dicht dachziegelartig angeordnet, grün oder rosa und dicht beschuppt. Die hängende Infloreszenz ist einfach, bis 20 cm lang, elliptisch und locker spiralig aus etwa 25 Blüten zusammengesetzt. Die 6 bis 8 cm langen Deckblätter überragen die Kelchblätter deutlich, sie sind grün oder rot. Die unteren sind den oberen Hochblättern ähnlich, die oberen sind lanzettlich-zugespitzt. Die dünnen Kelchblätter sind etwa 35 mm lang und dicht grau beschuppt. Die violetten Blütenblätter bilden eine 6 cm lange, aufrechte Röhre, aus der Staubblätter und Griffel herausragen.

In Höhenlagen von 1800 bis 3200 m wächst *T. macdougallii* auf Felsen oder epiphytisch im Kiefern-Eichen-Wald in Mexiko.

Die Pflanzen sind nicht ganz einfach in der Kultur und sollten in den Wintermonaten kühl, bei etwa 10 °C gehalten werden. Aber die dekorativen, hängenden Blütenstände entschädigen für den Pflegeaufwand.

Ähnliche Arten sind *T. andrieuxii* (Mez) L. B. Smith, *T. erubescens* Schlechtend. und *T. oaxacana* L. B. Smith. Sie zeichnen sich alle durch eine hängende oder übergebogene Infloreszenz aus und sind wie *T. macdougallii* in Mexiko beheimatet.

Tillandsia magnusiana

Wittm., 1901
Untergattung *Tillandsia*; grau

Die stammlosen Pflanzen werden nur 15 cm hoch. Die zahlreichen Blätter bilden eine kugelige Rosette, da sie strahlig nach allen Seiten hin abstehen. Die elliptischen Scheiden werden 15 mm hoch. Die sehr schmal-dreieckigen, fadenförmigen Spreiten werden bis 11 cm lang und sind dicht mit silbergrauen Schuppen bedeckt. Ein Infloreszenzschaft fehlt oder ist nur sehr kurz ausgebildet. Die Infloreszenz setzt sich dicht aus ein bis drei Blüten zusammen. Die ovalen, zugespitzten Deckblätter überragen die Kelchblätter deutlich. Sie sind bis 4 cm lang, dünn, genervt und grau beschuppt. Die ovalen Kelchblät-

ter sind 15 bis 19 mm lang und kahl. Die violetten Blütenblätter werden etwa 4 cm lang und bilden eine aufrechte Röhre, aus der Staubblätter und Griffel herausragen.

T. magnusiana wächst epiphytisch in Wäldern in einer Höhe von 1100 bis 1600 m. Heimisch ist sie in Mexiko, Guatemala, Honduras und Salvador.

Schon das dichte Schuppenkleid zeigt, daß die Pflanzen sehr hell und sonnig kultiviert werden müssen. Mit dem Wasser sollte man eher sparsam umgehen.

Die im nichtblühenden Zustand ähnliche *T. plumosa* (siehe Seite 72) unterscheidet sich durch einen deutlich entwickelten Infloreszenzschaft und grüne Blüten.

Tillandsia meridionalis

Baker, 1888
Untergattung *Anoplophytum*; grau

Die stammlosen Pflanzen wachsen einzeln oder in kleineren Gruppen. Die zahlreichen Blätter bilden eine bis 10 cm hohe, aufrechte bis ausgebreitete Rosette. Oft sind die Blätter auch einseitswendig angeordnet. Die schmalen Scheiden sind nur undeutlich von den bis 10 cm langen Spreiten abgesetzt. Letztere sind sehr schmal-dreieckig, hart, rinnig und dicht silbergrau beschuppt. Der aufrechte bis übergebogene Infloreszenzschaft erreicht etwa die Länge der Blätter. Die Hochblätter sind dachziegelartig angeordnet und hüllen den Schaft ein. Die unteren gleichen den Rosettenblättern, die oberen sind elliptisch, dünn, rosafarben mit grau beschuppter Spitze. Die bis 6 cm lange Infloreszenz setzt sich aus wenigen, spiralig angeordneten Blüten zusammen. Die elliptischen Deckblätter überragen mit einer Länge von 25 mm die Kelchblätter deutlich. Sie sind karminrot mit einer grau beschuppten Spitze. Die lanzettlich-ovalen Kelchblätter sind 14 mm lang und nur spärlich beschuppt. Die weißen Blütenblätter werden bis 2 cm lang, ihre Spitzen spreizen auseinander. Die Staubblätter und der Griffel sind in der Blüte eingeschlossen. Die Filamente sind im oberen Drittel gefaltet.

Die geographische Verbreitung von *T. meridionalis* erstreckt sich über Ostbrasilien, Paraguay, Uruguay und Nordostargentinien. Die epiphytisch wachsenden Pflanzen besiedeln Gebiete in einer Höhenlage bis zu 2200 m. Die typische Region, in der *T. meridionalis* vorkommt, ist der Gran Chaco von Paraguay, wo sie mit *T. vernicosa* Baker und *T. duratii* (siehe Seite 55) vergesellschaftet ist.

T. meridionalis ist eine robuste, widerstandsfähige Art. Sie kommt mit wenig Wasser aus, benötigt aber einen sonnigen Platz.

Links: *Tillandsia magnusiana*

Rechts: *Tillandsia meridionalis*

Linke Seite: *Tillandsia macdougallii*

Tillandsia multiflora* var. *tomensis

Tillandsia multiflora

Bentham, 1844
Untergattung *Pseudo-Catopsis*; grün

Die stammlosen Pflanzen erreichen blühend eine Höhe von 40 bis 80 cm. Die Blätter bilden eine flach-ausgebreitete, 40 cm große Rosette. Die Scheiden sind nur undeutlich von den Spreiten zu unterscheiden. Die dreieckigen Spreiten sind etwa 30 cm lang und an den Rändern etwas aufgebogen. In der Kultur sind die dicht beschuppten Spreiten dunkelgrün, in der Heimat gelbgrün. Der aufrechte Infloreszenzschaft ist 20 cm lang und kräftig entwickelt. Die dicht dachziegelartig angeordneten Hochblätter umfassen mit ihren Scheiden den Schaft, die Spreiten sind aufrecht oder ausgebreitet. Die locker dreifach zusammengesetzte Infloreszenz wird bis 40 cm lang. Die unteren Tragblätter sind länger als die Seitenäste, die oberen kürzer. Die Seitenäste tragen drei bis fünf kurz gestielte Ähren, die in zweizeiliger Anordnung dicht mit bis zu 20 Blüten besetzt sind. Die Ährenrhachis ist kantig und zickzackförmig. Die ovalen Deckblätter sind nur etwa 4 mm lang, genervt und scharf gekielt; die unteren sind etwa so lang wie die Kelchblätter, die oberen sind nur noch halb so lang. Die asymmetrischen, etwa 5 mm langen Kelchblätter sind scharf gekielt und grün. Die weißen Blütenblätter überragen die Kelchblätter nur um 1 mm; ihre Spitzen sind ausgebreitet. Die Staubblätter und der Griffel sind in der Blüte eingeschlossen. Die Blüten duften stark.

T. multiflora var. **decipiens** (André) L. B. Smith, 1930 unterscheidet sich von der typischen Art durch Tragblätter, die alle kürzer sind als die Seitenäste.

T. multiflora var. **tomensis** L. B. Smith, 1930 besitzt lanzettliche Blattspreiten. Die Hochblätter sind nur wenig länger als die Stengelglieder. Deck- und Tragblätter sind leuchtend rot gefärbt.

Während *T. multiflora* var. *multiflora* nur in Ekuador heimisch ist, treten die beiden Varietäten auch in Nordperu auf. Sie besiedeln regengrüne Wälder in bis zu 1000 m Höhe. Die Pflanzen wachsen epiphytisch, auch auf Kakteen. In den Baumkronen bilden sie oft Massenbestände.

In der Kultur kann *T. multiflora* auch schattiger gehalten werden. Dann wechselt die Färbung der Rosettenblätter allerdings von gelbgrün zu dunkelgrün. Entsprechend den kleinen Schuppen auf den Blättern braucht die Art etwas mehr Wasser als ihre grauen Verwandten.

Tillandsia paleacea

Presl, 1827
Untergattung *Phytarrhiza*; grau

Die blühend bis 70 cm Länge erreichenden Pflanzen bilden Stämmchen aus und wachsen in der Natur in langen Strängen. Die Blätter stehen spiralig, aber in weiten Abständen an der Achse. Die großen Scheiden sind breit-oval oder elliptisch. Die schmal-dreieckigen Spreiten sind bis 12 cm lang, rinnig und dicht filzig beschuppt. Sie spreizen ziemlich abrupt ab und sind oft auch etwas gedreht. Der aufrechte Infloreszenzschaft ist dünn und wird bis zu 15 cm lang. An ihm stehen die schmal-elliptischen Hochblätter, die so lang oder länger als die Stengelglieder sind. Die unteren Hochblätter besitzen eine fadenförmige Spreite. Die bis 5 cm lange Infloreszenz ist einfach, schmal-lanzettlich, abgeflacht und dicht zweizeilig mit ein bis zwölf Blüten besetzt. Die ovalen oder elliptischen Deckblätter sind etwa so lang wie die Kelchblätter. Sie sind dachziegelartig angeordnet und verkahlen früh. Die lanzettlichen Kelchblätter sind 10 bis 17 mm lang, kahl und nicht verwachsen. Die violetten Blütenblätter besitzen einen schmalen Nagel und eine große, rundliche, ausgebreitete Platte. Die Staubblätter und der Griffel sind in der duftenden Blüte eingeschlossen.

T. paleacea zeigt, je nach Standort, unterschiedliche Wuchsformen. So gibt es Pflanzen von eher gedrungenem Wuchs und solche mit langen Stämmchen. Auch die Blätter variieren in der Länge.

Tillandsia paleacea

T. paleacea gehört zu den sogenannten Wüstentillandsien. Sie bilden in der peruanischen Küstenwüste ausgedehnte Bestände, die dem Sand direkt aufliegen. Die Art kommt aber auch in Kolumbien, Bolivien und Nordchile vor, wo sie Felsen besiedelt oder auch epiphytisch auf Bäumen in trockenen Regionen wächst.

T. paleacea ist in ihren Ansprüchen sehr genügsam, was Wasser- und Nährstoffversorgung betrifft. Sie sollte jedoch bei relativ hoher Luftfeuchtigkeit kultiviert werden. Ein heller, sonniger Platz ist selbstverständlich.

Tillandsia plumosa

Baker, 1888
Untergattung *Allardtia*; grau

Die stammlosen Pflanzen werden blühend etwa 18 cm hoch. Sie wachsen meist in größeren Gruppen. Die zahlreichen Blätter sind strahlenförmig ausgebreitet und bilden eine dichte, fast kugelförmige Rosette. Die ovalen Scheiden werden 1 bis 2 cm hoch. Die fadenförmigen Spreiten, die 8 bis 10 cm lang werden, sind dicht filzig beschuppt. Der aufrechte Infloreszenzschaft ist meist deutlich ausgebildet und bis zu 10 cm lang. An ihm stehen in sehr dichter dachziegelartiger Anordnung die Hochblätter, die mit ihren aufrechten, fadenförmigen, dicht beschuppten Spreiten den Schaft einhüllen. Die kopfförmige, 4 cm lange Infloreszenz besteht aus vier bis acht aufrechten, abgeflachten Ähren, die mit je zwei bis vier Blüten in zweizeiliger Anordnung besetzt sind. Manchmal sind die Ähren auch auf eine Blüte reduziert, so daß die Infloreszenz einfach erscheint. Die Tragblätter gleichen den Hochblättern und überragen meist die Ähren. Die dicht dachziegelartig angeordneten Deckblätter sind 14 bis 17 mm lang, lanzettlich, genervt, gekielt und dicht beschuppt. Sie sind an der Basis grün, sonst karminrot. Die oval-lanzettlichen Kelchblätter sind etwa so lang wie die Deckblätter. Sie sind dünn, genervt, beschuppt und die hinteren sind gekielt. Die 2 cm langen Blütenblätter bilden eine Röhre, aber ihre Spitzen spreizen etwas auseinander. Durch ihre grüne Färbung bilden sie einen schönen Kontrast zur karminroten Infloreszenz. Die Staubblätter und der Griffel sind in der Blüte eingeschlossen.

T. plumosa ist in ihrer Verbreitung auf Zentralmexiko beschränkt. Auf Felsen oder epiphytisch wachsend, besiedelt sie offene, sonnige Regionen in einer Höhe von 1500 bis 2600 m. Ein sonniger Platz setzt die silbergrauen, fedrigen Rosetten sozusagen ins rechte Licht. Durch ihre dichte Beschuppung sind die Pflanzen in der Lage, die Feuchtigkeit der Luft zu nutzen. Deshalb sollte das Wasser fein zerstäubt werden. So kann man auch verhindern, daß sich im Inneren der Rosette Feuchtigkeit niederschlägt, die Fäulnis bewirken kann. *T. plumosa* kann sehr gut mit Kakteen zusammen kultiviert werden. Im nichtblühenden Zustand gleicht *T. plumosa* der *T. atroviridipetala* und *T. magnusiana* (siehe Seiten 42 und 67).

Zur Blütezeit ist sie leicht von beiden Arten zu unterscheiden, denn *T. atroviridipetala* bildet keinen Infloreszenzschaft aus und *T. magnusiana* besitzt violette Blüten mit weit herausragenden Staubblättern. Auch *T. tectorum* (siehe Seite 79) bildet ähnliche silbergraue Rosetten, doch auch sie unterscheidet sich in der Infloreszenz.

Tillandsia punctulata

Schlechtend. & Cham., 1831
Untergattung *Tillandsia*; grün

Die stammlosen Pflanzen erreichen blühend eine Höhe von 35 bis 45 cm. Die zahlreichen, übergebogenen Blätter bilden eine dichte Rosette. Die löffelförmigen Scheiden schließen sich zu einer lokkeren Scheinzwiebel zusammen und sind tief dunkelviolett gefärbt. Die lineal-dreieckigen Spreiten sind lang-zugespitzt, 20 bis 30 cm lang, grün, wenig beschuppt, mit etwas aufgebogenen Rändern. Der aufrechte Infloreszenzschaft wird dicht dachziegelartig von den Hochblättern umhüllt. Sie sind den Rosettenblättern ähnlich, aber rötlich, die oberen sind leuchtend rot mit kurzer Spreite. Die aufrechte Infloreszenz ist eine einfache Ähre, oval oder lanzettlich, nicht abgeflacht, sondern etwas gewölbt und zweizeilig mit Blüten besetzt. Die breit-ovalen Deckblätter überragen die Kelchblätter. Sie sind bis 4 cm lang, dicht dachziegelartig angeordnet, derb, gekielt und grün gefärbt. Die lanzettlichen Kelchblätter sind braun beschuppt und werden bis 3 cm lang. Die 4 bis 5 cm langen Blütenblätter bilden eine aufrechte Röhre. Sie sind violett mit weißen Spitzen. Die Staubblätter und der Griffel überragen die Blütenröhre.

Die Heimatgebiete von *T. punctulata* liegen in Mexiko und Zentralamerika. In Höhenlagen von 350 bis 2000 m wächst sie epiphytisch in Wäldern, die regelmäßig Regen erhalten. Die Pflanze kann in den großen, löffelförmigen Scheiden Wasser speichern.

Für die Kultur bedeutet das, daß *T. punctulata* einen halbschattigen Platz erhalten

Oben: *Tillandsia plumosa*

Links: *Tillandsia recurvata*

sollte und regelmäßig mit Wasser versorgt werden muß.

T. punctulata ist eine sehr farbenprächtige Pflanze mit den roten Hochblättern, den grünen Deckblättern und den violetten Blütenblättern (siehe Seite 14). Doch auch im nichtblühenden Zustand sorgen die dunkelvioletten Blattscheiden für eine interessante Farbwirkung.

Tillandsia recurvata

(L.) L., 1762
Untergattung *Diaphoranthema*; grau

Die Pflanzen bilden kurze Stämmchen und sind sehr variabel in der Größe. Blühend erreichen sie eine Höhe zwischen 4 und 23 cm. Sie wachsen in dichten Rasen. Die zweizeilig angeordneten Blätter sind aufrecht, im typischen Fall aber zurückgekrümmt. Die dünnen Scheiden bedecken den Stamm. An der Basis sind sie kahl, sonst dicht beschuppt. Die fadenförmigen Spreiten sind 3 bis 17 cm lang und dicht grau beschuppt. Der aufrechte, dünne Infloreszenzschaft ist ebenfalls beschuppt. Meist ist nur ein Hochblatt direkt unterhalb der Infloreszenz ausgebildet. Die einfache Infloreszenz besteht normalerweise aus ein bis zwei Blüten, seltener sind fünf vorhanden. Die lanzettlichen Deckblätter sind meist so lang wie die Kelchblätter, grün und dicht beschuppt. Die lanzettlichen Kelchblätter sind 4 bis 9 mm lang, dünn, genervt und meist kahl. Die 10 bis 13 mm langen Blütenblätter sind blaßviolett, ihre Spitzen sind ausgebreitet.

Das riesige Verbreitungsgebiet von *T. recurvata* reicht vom Süden der U.S.A. bis nach Argentinien. Auch die Höhenverbreitung zeigt eine große Spannweite, von Meeresniveau bis 3000 m Höhe. Die Pflanzen wachsen epiphytisch in trockenen Regionen.

Wie bei fast allen Arten der Untergattung *Diaphoranthema* ist die Einzelpflanze eher unscheinbar. Aber durch ihre Wuchsform entstehen bald dekorative Polster. *T. recurvata* ist eine sehr robuste, leicht zu kultivierende Pflanze.

Tillandsia schiedeana

Steudel, 1841
Untergattung *Tillandsia*; grau

Die Pflanzen bilden bis 20 cm lange, einfache oder verzweigte Stämmchen. Sie wachsen in lockeren Klumpen und werden blühend bis zu 40 cm hoch. Die spiralig angeordneten Blätter stehen von der Achse ab. Die fast rundlichen Scheiden liegen der Achse dicht an. Die schmal-dreieckigen Spreiten sind lang-zugespitzt, rinnig und dicht grau beschuppt. Sie erreichen eine Länge bis zu 25 cm. Der aufrechte Infloreszenzschaft ist kürzer als die Blätter und wird von den dachziegelartig angeordneten Hochblättern bedeckt. Die unteren gleichen den Rosettenblättern, die oberen sind dünner, lang-zugespitzt und meist rosarot. Die Infloreszenz ist einfach und dicht zweizeilig, manchmal an der Basis auch spiralig, aus wenigen Blüten zusammengesetzt. Sie ist lanzettlich und bis 7 cm lang, oft auch nur halb so lang. Die dicht dachziegelartig angeordneten Deckblätter sind 3 cm lang und überragen die Kelchblätter. Sie sind genervt und grün, rosarot oder rot. Die lanzettlichen Kelchblätter sind 2 cm lang und kahl, die hinteren sind gekielt und 5 mm hoch miteinander verwachsen. Die 4 bis 6 cm langen Blütenblätter sind gelb oder rötlichgelb und bilden eine aufrechte Röhre, aus der Staubblätter und Griffel herausragen.

T. schiedeana ssp. **glabrior** S. Gardner, 1984 besitzt meist einseitswendige, 8 bis 10 cm lange Blätter. Die Hochblätter sind rot und auch die Blütenblätter sind rot oder rötlichgelb gefärbt. Die Heimat der *T. schiedeana* ssp. *glabrior* ist Mexiko, wo sie Felswände besiedelt.

T. schiedeana kommt von Mexiko und Westindien bis Kolumbien und Venezuela vor. Sie wächst epiphytisch oder saxicol in Trockengebieten bis zu 2000 m Höhe.

T. schiedeana bildet große, kugelige Polster. Sie ist leicht zu kultivieren und blüht regelmäßig jedes Jahr. In den Sommermonaten sollte sie ein Quartier im Freien erhalten. Im Winter kann sie zusammen mit Kakteen kultiviert werden.

Tillandsia seleriana

Mez, 1903
Untergattung *Tillandsia*; grau

Die stammlosen Pflanzen werden blühend bis 30 cm hoch. Die relativ wenigen Blätter stehen aufrecht an der Achse. Die großen, löffelförmigen Scheiden gehen allmählich in die Spreiten über. Sie sind dicht beschuppt und bilden in ihrer Gesamtheit eine Scheinzwiebel, die in der Heimat von Ameisen bewohnt wird. Die äußersten Blattscheiden besitzen nur eine sehr kurze Spreite. Die übrigen Spreiten sind lang-zugespitzt, bis 20 cm lang, rinnig und dicht grau beschuppt. Der nur kurz entwickelte Infloreszenzschaft trägt in dicht dachziegelartiger Anordnung die Hochblätter. Sie gleichen den Rosettenblättern, umfassen mit ihren Scheiden den Schaft und die grünen oder rosaroten, dicht beschuppten Spreiten überragen meist die Infloreszenz. Diese ist 7 bis 10 cm lang und aus drei bis sieben Ähren zusammengesetzt. Die breit-ovalen oder elliptischen Tragblätter sind grün bis rosarot und grau beschuppt. Die unteren besitzen längere Spreiten, die oberen sind nur zugespitzt. Die aufrechten bis ausgebreiteten Ähren sind 3 bis 5 cm lang, abgeflacht und tragen in zweizeiliger Anordnung sechs bis sieben Blüten. Die die Hochblätter überragenden Deckblätter sind 20 bis 28 mm lang, gekielt, grün oder karminrot und dicht beschuppt. Sie stehen in dachziegelartiger Anordnung an der Infloreszenz. Die schmal-elliptischen Kelchblätter sind etwa 17 mm lang, kahl, genervt, die hinteren sind 5 mm hoch verwachsen. Die violetten Blütenblätter bilden eine aufrechte, 35 mm lange Röhre. Die Staubblätter und der Griffel ragen aus der Blüte heraus.

Verbreitet ist *T. seleriana* von Mexiko bis Honduras, wo sie in den Eichen-Kiefern-Wäldern epiphytisch wächst. Dabei werden Höhenlagen von 300 bis 2400 m eingenommen. Die eher langsam wachsenden Pflanzen bilden kleine Gruppen, in denen die abgeblühten Exemplare noch lange Zeit erhalten bleiben.

Tillandsia schiedeana

In der Kultur müssen Wassergaben und Lichtverhältnisse aufeinander abgestimmt werden. Ist der Standort sonnig, braucht die Pflanze mehr Wasser. *T. seleriana* gedeiht aber auch noch an halbschattigen Plätzen und braucht dann entsprechend weniger Wasser.

Von den von Ameisen bewohnten Arten besitzt *T. seleriana* die größten Scheinzwiebeln und ist auch daran kenntlich, daß die Blattspreiten nicht abrupt von den Scheiden abgesetzt sind wie bei *T. bulbosa* und *T. butzii* (siehe Seite 47), sondern eher allmählich in diese übergehen. Ähnlich, nur kleiner, ist die mexikanische *T. ehlersiana* Rauh, 1985.

Tillandsia sprengeliana

Tillandsia sprengeliana

Klotzsch ex Mez, 1894
Untergattung *Anoplophytum*; grau

Die stammlosen Pflanzen sind kleinwüchsig und werden blühend nur 6 bis 9 cm hoch. Die zahlreichen Blätter, die mehr oder weniger nach einer Seite gerichtet sind, bilden eine dichte Rosette. Die breitelliptischen Scheiden gehen allmählich in die schmal-dreieckigen Spreiten über. Letztere sind stark rinnig und dicht mit grauen Schuppen bedeckt. Der aufrechte Infloreszenzschaft wird bis 4 cm lang. Er wird von den breit-ovalen Hochblättern bedeckt, die dicht dachziegelartig angeordnet sind und eine lineale Spreite tragen. Die nur 3 cm lange Infloreszenz ist einfach und besteht aus vier bis acht dicht spiralig angeordneten Blüten. Die breitovalen Deckblätter überragen die Kelchblätter und werden bis 17 mm lang. Sie sind dünn und rot gefärbt. Die lanzettlichen Kelchblätter sind 11 mm lang. Die etwa 2 cm langen Bütenblätter sind karminrot. Staubblätter und Griffel sind in der Blüte eingeschlossen.

T. sprengeliana ist eine seltene Pflanze, die nur in Ostbrasilien auf Meereshöhe vorkommt. Deshalb ist ihr Anschaffungspreis nicht gerade niedrig. Anfänger sollten auf die Kultur dieser Pflanze verzichten.

Tillandsia streptocarpa

Baker, 1887
Untergattung *Phytarrhiza*; grau

Die blühenden Pflanzen werden bis 80 cm hoch und bilden bis 10 cm lange Stämmchen aus, die aber auch fehlen können. Die spiralig angeordneten Blätter sind zunächst aufrecht. Ältere Blätter sind ausgebreitet mit zurückgekrümmten Spitzen und alte Blätter rollen sich beim Vertrocknen ein und umschlingen dabei Äste und Zweige. Die breit-ovalen Scheiden bedecken die Achse. Die schmal-dreieckigen Spreiten sind rinnig, dicht filzig beschuppt und werden bis 30 cm lang. Der aufrechte Infloreszenzschaft ist dünn und 20 bis 25 cm lang. Die basalen Hochblätter gleichen den Rosettenblättern, die oberen besitzen eine reduzierte Spreite und sind kürzer als die Stengelglieder. Die Infloreszenz ist aus zwei bis zwölf Ähren zusammengesetzt, selten ist sie einfach. Die aufrechten Tragblätter gleichen den oberen Hochblättern und sind viel kürzer als die Ähren. Die Ähren besitzen eine aufrechte, beblätterte Basis, der drei bis zwölf Blüten tragende Abschnitt ist bogig-abspreizend. Die Blüten stehen in zweizeiliger Anordnung an den abgeflachten Ähren. Die Ährenrhachis ist sichtbar, kantig und etwas zickzackförmig. Die lanzettlichen Deckblätter sind nur wenig kürzer als die Kelchblätter, genervt und kahl oder wenig beschuppt. Die 10 bis 13 mm langen Kelchblätter sind kahl. Die bis 25 mm langen Blütenblätter sind in einen schmalen weißen Nagel und eine ausgebreitete, lavendelfarbene Platte gegliedert. Die Staubblätter und der Griffel sind in der duftenden Blüte eingeschlossen.

T. streptocarpa var. **aureiflora** Rauh, 1984 unterscheidet sich von der Art durch verlängerte Infloreszenzen und kleinere, gelbe Blüten.

Peru, Bolivien, Brasilien und Paraguay sind die Heimatgebiete von *T. streptocarpa*. Sie wächst an Felsen oder epiphytisch in Wäldern in einer Höhe von 60 bis 2300 m.

Die Pflanze bevorzugt einen hellen, sonnigen Platz und hat einen geringen Wasserbedarf. Nach der Blüte werden ein oder zwei Kindel gebildet.

Die ähnliche *T. duratii* (siehe Seite 55) ist insgesamt größer, und die Blätter sind stärker zurückgeschlagen.

Tillandsia streptocarpa

Tillandsia streptophylla

Scheidw. ex Morren, 1836
Untergattung *Tillandsia*; grau

Die stammlosen Pflanzen werden blühend bis 45 cm hoch. Die zahlreichen Blätter sind zurückgekrümmt und mehr oder weniger eingerollt. Die großen, löffelförmigen Scheiden bilden in ihrer Gesamtheit eine Scheinzwiebel, die am natürlichen Standort von Ameisen besiedelt wird. Die dreieckigen, flachen Spreiten sind lang-zugespitzt, bis 40 cm lang und dicht grau beschuppt. Der aufrechte Infloreszenzschaft ist kräftig entwickelt, er wird 7 bis 8 mm dick. Die dachziegelartig angeordneten Hochblätter sind den Rosettenblättern ähnlich, mit eingerollten oder gedrehten Spreiten. Die obersten besitzen rote Scheiden. Die lockere, pyramidenförmige Infloreszenz wird 30 cm lang, ihre Achse ist rot und dicht beschuppt. Die Infloreszenz setzt sich aus acht bis zwölf Ähren zusammen. Die Tragblätter gleichen den oberen Hochblättern, sie sind grün oder rot gefärbt und dicht beschuppt. Die unteren überragen die Ähren, die oberen sind kürzer. Die spreizenden bis fast waagrecht abstehenden Ähren werden im Durchschnitt 10 cm lang und 15 mm breit. Sie sind abgeflacht, 15 mm lang gestielt und zweizeilig mit 8 bis 18 Blüten besetzt. Die dachziegelartig angeordneten Deckblätter sind 2 bis 3 cm lang und überragen die Kelchblätter. Sie sind hellgrün und dicht beschuppt. Meist ist die Ährenrhachis sichtbar. Die zugespitzten Kelchblätter sind 2 cm lang, kahl und glatt. Die bis 4 cm langen Blütenblätter sind lilafar-

Tillandsia streptophylla

ben und bilden eine aufrechte Röhre, aus der die Staubblätter und der Griffel herausragen.

Das Verbreitungsgebiet von *T. streptophylla* erstreckt sich von Südmexiko bis Honduras in Höhenlagen bis zu 800 m. Die Pflanze wächst epiphytisch, wobei ihr die um Äste und Zweige gewundenen Blätter zusätzlichen Halt geben.

Die Einrollung der Blätter ist abhängig von der Kultur. Wird die Pflanze feucht gehalten, sind die Blätter nahezu gerade, bei trockeneren Bedingungen rollen sie sich ein. Das Licht beeinflußt dagegen die Ausfärbung des Schaftes und der Tragblätter, die bei starker Sonneneinwirkung schön rot gefärbt sind. In Amerika hat die Art sogar einen Spitznamen erhalten und wird »Shirley Temple« genannt, da die zahlreichen eingerollten und gedrehten Blätter dem Lockenkopf des einstigen Kinderstars gleichen.

Tillandsia stricta

Soland., 1813
Untergattung *Anoplophytum*; grau (grün)

Die stammlosen bis kurz stammbildenden Pflanzen werden blühend bis 20 cm hoch. Sie wachsen meist in dichten, kugeligen Polstern. Die zahlreichen Blätter variieren von weich bis hart und bilden eine aufrechte bis ausgebreitete, oft auch einseitswendige Rosette. Die Scheiden sind klein und undeutlich. Die schmal-dreieckigen Spreiten sind 6 bis 18 cm lang, grün und grau beschuppt. Der aufrechte oder übergebogene Infloreszenzschaft wird von den dachziegelartig angeordneten Hochblättern eingehüllt. Die unteren Hochblätter sind den Rosettenblättern ähnlich, die oberen sind elliptisch mit linealer Spreite und beschuppt. Die Infloreszenz ist einfach, 4 bis 7 cm lang, an der Basis locker, sonst dicht spiralig mit Blüten besetzt. Die basalen Deckblätter gleichen den oberen Hochblättern und überragen die Blüten, die oberen sind elliptisch, häutig, karminrot und an der Spitze beschuppt. Die 9 bis 13 mm langen Kelchblätter werden von den Deckblättern überragt, sie sind kahl und 2 bis 4 mm hoch verwachsen. Die 2 cm langen Blütenblätter sind blau oder purpurrot und zu einer Röhre vereinigt. Ihre Spitzen spreizen etwas auseinander. Die Staubblätter mit den gefalteten Filamenten und der Griffel sind in der Blütenröhre eingeschlossen.

Bedingt durch das große Verbreitungsgebiet mit unterschiedlichen klimatischen Bedingungen ist *T. stricta* sehr variabel. Es gibt Formen mit eher weichen, grünen, wenig beschuppten Blättern und solche mit starren, dicht grau beschuppten Blättern.

Es sind zwei Varietäten beschrieben worden:

T. stricta var. **albifolia** Hromadn. et Rauh, 1983 zeichnet sich durch sehr dicht beschuppte Blätter und eine lockerblütige Infloreszenz aus.

T. stricta var. **disticha** L. B. Smith, 1943 besitzt nur wenige, zweizeilig angeordnete Blüten.

T. stricta ist in Venezuela, Trinidad, Guayana, Surinam, Brasilien, Paraguay, Uruguay und Nordargentinien verbreitet. Sie wächst epiphytisch in trockenen oder feuchteren Wäldern bis in Höhenlagen von 1700 m.

Aufgrund der Flexibilität der Pflanzen gegenüber den klimatischen Gegebenheiten ist *T. stricta* eine fast unverwüstliche Kulturpflanze. Je nach der Beschaffenheit und Beschuppung der Blätter sollte der Standort sonnig bis halbschattig gewählt werden. Die Pflanzen blühen regelmäßig jedes Jahr und erzeugen einige Kindel, so daß bald ein attraktives Kugelpolster entsteht.

Tillandsia tectorum

E. Morren, 1877
Untergattung *Tillandsia*; grau

Die stammbildenden Pflanzen sind in der Größe sehr variabel. Es gibt Exemplare, die bis 50 cm hoch werden. Die zahlreichen Blätter stehen spiralig an der Achse. Die jüngeren sind aufrecht, die älteren zurückgeschlagen. Die Scheiden sind deutlich von den fadenförmigen Spreiten abgesetzt, die dicht filzig beschuppt sind. Der aufrechte Infloreszenzschaft überragt die Blätter. Die dachziegelartig angeordneten Hochblätter umschließen mit den Scheiden den Schaft, ihre fadenförmigen Spreiten sind rötlich und dicht filzig beschuppt. Die Infloreszenz besteht aus fünf bis zehn dichtstehenden Ähren. Die Tragblätter sind kürzer als die Ähren, sie gleichen den oberen Hochblättern. Die lanzettlichen Ähren sind abgeflacht, etwa 5 cm lang und dicht zweizeilig mit fünf bis zehn Blüten besetzt. Die lanzettlichen Deckblätter

Tillandsia stricta

Tillandsia tectorum

Rechte Seite: ***Tillandsia tenuifolia***

sind dachziegelartig angeordnet, gekielt, genervt, rötlichgrün oder karminrot. Sie sind etwa so lang wie die 1 cm langen, lanzettlichen Kelchblätter, von denen die beiden hinteren gekielt sind. Die 2 cm langen Blütenblätter sind violett gefärbt oder auch mit weißen Spitzen versehen, die auseinanderspreizen. Die Staubblätter und der Griffel sind in der Blütenröhre eingeschlossen.

Ekuador und Peru sind die Heimat von *T. tectorum*, die vorwiegend Felsen besiedelt. Sie kommt erst ab einer Höhe von 900 m vor und steigt bis 2700 m auf. Meist bildet sie größere Bestände und ist mit Kakteen vergesellschaftet.

Da die Pflanzen in Regionen vorkommen, die einer starken UV-Strahlung ausgesetzt sind, sollten sie in der Kultur den hellsten und sonnigsten Platz erhalten, der zur Verfügung steht. In den Wintermonaten können sie dicht unter dem Gewächshausdach aufgehängt werden. Eine dauernde Zimmerkultur ist nur mit Zusatzbelichtung durch geeignete Leuchten möglich. Die Pflanzen können nur an Drähten hängend kultiviert werden.

Tillandsia tenuifolia

L., 1753
Untergattung *Anoplophytum*; grau

Die sehr variable und formenreiche Art wächst meist in dichten Klumpen. Die stammbildenden Pflanzen werden bis zu 25 cm lang. Die spiralig angeordneten Blätter sind fast aufrecht bis ausgebreitet, bei hängender Kultur auch einseitswendig. Die kleinen Scheiden setzen sich nicht deutlich von den Spreiten ab, die 5 bis 10 cm lang werden. Die Spreiten sind schmal-dreieckig, zugespitzt, dicht grau beschuppt, ihre Ränder sind aufgebogen. Der aufrechte Infloreszenzschaft wird größtenteils durch die Blätter verdeckt. Die dachziegelartig angeordneten Hochblätter stehen aufrecht an der Achse und umfassen diese mit ihren ovalen Scheiden. Die Spreiten der basalen Hochblätter sind grün bis rosarot und grau beschuppt. Die oberen Hochblätter sind spreitenlos, rot und kahl. Die einfache Infloreszenz ist dicht spiralig mit vier bis zehn Blüten besetzt. Die ovalen Deckblätter gleichen den oberen Hochblättern und überragen die Kelchblätter. Sie sind nur wenig beschuppt, hervortretend genervt und rosa bis rot gefärbt. Die lanzettlichen Kelchblätter sind kahl und 1 cm lang, die beiden hinteren sind 7 mm hoch verwachsen und gekielt. Die 2 cm langen Blütenblätter sind blau, weiß oder rosarot, ihre Spitzen sind ausgebreitet. Die Staubblätter und der Griffel sind in der Blütenröhre eingeschlossen. Die Filamente der Staubblätter sind gefaltet.

Es sind mehrere Varietäten beschrieben worden:

T. tenuifolia var. **disticha** (L. B. Smith) L. B. Smith, 1962 zeichnet sich durch Infloreszenzen mit zweizeilig angeordneten Blüten aus.

T. tenuifolia var. **dungsiana** E. Pereira, 1977 besitzt einen sehr kurzen Infloreszenzschaft.

T. tenuifolia var. **saxicola** (L. B. Smith) L. B. Smith, 1962. Bei dieser Varietät sind die Blätter einseitswendig angeordnet.

T. tenuifolia var. **surinamensis** (Mez) L. B. Smith, 1962 besitzt einseitswendige Blätter. Die Infloreszenz überragt deutlich die Blätter.

Tillandsia tricolor

T. tenuifolia var. **vaginata** (Wawra) L. B. Smith, 1962 besitzt stark eingerollte Blätter.

Das große Verbreitungsgebiet von *T. tenuifolia* reicht von den Westindischen Inseln bis nach Bolivien und Argentinien. Die Pflanzen wachsen epiphytisch in Wäldern in einer Höhe von 350 bis 2500 m.

T. tenuifolia ist ideal für den Anfänger, da die Pflanzen sehr robust sind. Der Standort sollte hell, aber ohne direkte Sonneneinstrahlung sein. Im Gegensatz zu den silberschuppigen Arten trocknen die Blätter von *T. tenuifolia* leichter aus und benötigen daher mehr Feuchtigkeit. Bei guter Pflege blühen die Pflanzen regelmäßig und in drei bis vier Jahren entsteht aus einer Einzelpflanze ein kleines, kugelförmiges Polster.

Ähnliche Arten sind *T. aëranthos* und *T. araujei* (siehe Seiten 39 und 41).

Tillandsia tricolor

Schlechtend. & Cham., 1831
Untergattung *Tillandsia*; grün

Die stammlosen Pflanzen werden blühend 30 bis 40 cm hoch. Die zahlreichen Blätter stehen in einer dichten Rosette beisammen. Einen auffallenden Kontrast bilden die großen, kastanienbraunen Scheiden zu den grünen Spreiten. Letztere sind lang-zugespitzt und rinnig. Der aufrechte, dünne Infloreszenzschaft wird von den Hochblättern umhüllt. Die basalen Hochblätter gleichen den Rosettenblättern, die oberen sind elliptisch, zugespitzt und bei intensiver Besonnung rot gefärbt. Die Infloreszenz ist einfach oder aus wenigen Ähren zusammengesetzt. Die Tragblätter gleichen den oberen Hochblättern und sind nur wenig größer als die Deckblätter. Die lanzettlichen Ähren sind abgeflacht, 6 bis 18 cm lang, 18 bis 25 mm breit und dicht zweizeilig mit Blüten besetzt. Die dicht dachziegelartig angeordneten Deckblätter überragen mit einer Gesamtlänge von 3 cm die Kelchblätter, sie sind derb, scharf gekielt und kahl. Bei intensiver Besonnung sind die basalen Deckblätter rot

Tillandsia usneoides

gefärbt, die mittleren und oberen variieren von gelb bis grün. Die lanzettlichen Kelchblätter sind 2 cm lang, derb, die hinteren sind gekielt und 1 cm hoch miteinander verwachsen. Die bis 7 cm langen, violetten Blütenblätter bilden eine aufrechte Röhre, aus der Staubblätter und Griffel weit herausragen.

Folgende Varietäten sind bekannt:

T. tricolor var. **melanocrater** (L. B. Smith) L. B. Smith, 1953 wird nicht größer als 25 cm. Die Scheiden sind einheitlich kastanienbraun.

T. tricolor var. **picta** L. B. Smith, 1945 besitzt mehr oder weniger bleich gefleckte Blattscheiden.

Verbreitet ist *T. tricolor* in Mexiko und Zentralamerika in Nebelwäldern von 750 bis 2300 m Höhe, wo sie epiphytisch wächst.

Die Art ist den grünen Tillandsien zuzurechnen und benötigt mehr Feuchtigkeit. Direkte Besonnung sollte vermieden werden. Da aber die Blätter sehr derb sind, ist *T. tricolor* gegenüber Trockenheit und Lichtintensität toleranter als andere grüne Arten. Die vegetative Vermehrung erfolgt durch kurze Ausläufer, so daß bald eine kleine Pflanzengruppe entsteht. Die Dreifarbigkeit der Infloreszenz – rote Hochblätter, gelbe Deckblätter, violette Blüten – macht *T. tricolor* zu einer attraktiven Erscheinung.

Im nichtblühenden Zustand gleicht *T. tricolor* der im selben Gebiet heimischen *T. punctulata* (siehe Seite 73), doch sind bei letzterer die Blattscheiden fast schwarzbraun und die Spreiten zurückgekrümmt.

Tillandsia usneoides

(L.) L., 1762
Untergattung *Diaphoranthema*; grau

Die in ihrer Wuchsform unverwechselbaren Pflanzen bilden hängende, wurzellose Stränge bis zu 8 m Länge. Die Stämmchen sind dünner als 1 mm und tragen im Abstand von 3 bis 6 cm Blätter in zweizeiliger Anordnung. Die elliptischen Scheiden sind bis 8 mm lang. Die fadenförmigen Spreiten erreichen bis zu 5 cm Länge und sind dicht grau beschuppt. Ein Infloreszenzschaft wird nicht ausgebildet. Die Infloreszenz ist zu einer Einzelblüte reduziert. Das ovale Deckblatt ist kürzer als die Kelchblätter, oval, mit kurzer Spitze und dicht beschuppt. Die zugespitzten Kelchblätter sind 7 mm lang, dünnhäutig, kahl und genervt. Die 9 bis 11 mm langen Blütenblätter sind grün, ihre Spitzen sind ausgebreitet. Staubblätter und Griffel sind in der Blüte eingeschlossen. Es gibt Formen mit dünnen und zarten Trieben und solche mit dicken und kräftigen Trieben.

Tillandsia xerographica

T. usneoides ist wohl die erfolgreichste Bromelie hinsichtlich ihrer Verbreitung, denn sie findet sich vom Südosten der Vereinigten Staaten bis Zentralargentinien und Chile. In feuchteren Regionen hängt sie in dichten Bärten von Bäumen herab. Aber auch Telegraphendrähte werden als Unterlage genutzt. Im Aussehen gleicht sie unserer heimischen Bartflechte *Usnea*, von der sich der Artname ableitet. Auch in der vertikalen Verbreitung ist *T. usneoides* äußerst anpassungsfähig und steigt von Meereshöhe bis zu 3300 m empor.

In der Kultur ist auf eine hohe Luftfeuchtigkeit zu achten. Am schönsten wirken die Pflanzen zu kleinen Bündeln zusammengebunden, so daß sie wirklich wie lange Bärte aussehen. Zum Blühen gelangen die Pflanzen eher selten. Oft wird die Blüte auch in dem dichten Gewirr der Sprosse übersehen, und erst die Samenkapsel wird wahrgenommen. Da aber die Pflanzen sehr leicht durch einzelne Sproßstücke vermehrt werden können, ist eine Aussaat unnötig.

In der Heimat findet *T. usneoides* als Polster- und Verpackungsmaterial Verwendung.

Tillandsia xerographica

Rohw., 1953
Untergattung *Tillandsia*; grau

Die stammlosen Pflanzen werden blühend bis zu 1 m hoch. Die zahlreichen Blätter bilden eine dichte, silbergraue, an der Basis etwas bulbose Rosette. Die großen Scheiden sind breit-oval. Die schmaldreieckigen Spreiten sind bis 70 cm lang, dicht grau beschuppt und zurückgebogen. Ihre Spitzen sind mehr oder weniger spiralig gedreht und die Ränder sind aufgebogen. Der kräftig entwickelte Infloreszenzschaft ist aufrecht. Die dachziegelartig angeordneten Hochblätter sind den Rosettenblättern ähnlich, dicht beschuppt, ihre Spreiten sind zurückgekrümmt. Die lokker zusammengesetzte Infloreszenz besteht aus bis zu 30 Ähren und erreicht eine Länge von 40 bis 60 cm. Die Tragblätter sind kürzer als die Ähren, die basalen besitzen eine kurze Spreite, die oberen sind nur bespitzt, die Scheiden sind rot. Die mehr oder weniger aufrechten Ähren sind gestielt, 10 bis 12 cm lang und zweizeilig mit drei bis vier Blüten besetzt. An der Basis sind zwei bis vier sterile Deckblätter entwickelt. Die dachziegelartig angeordneten Deckblätter sind lanzettlich, fast stechend zugespitzt, 4 bis 5 cm lang, kahl und schwach gekielt. Sie sind derb, häutig gesäumt und grün bis rötlichgelb. Die etwa 3 cm langen Kelchblätter sind kahl und grün, die hinteren sind gekielt und 15 mm hoch verwachsen. Die blaßlila Blütenblätter bilden eine aufrechte, 6 bis 7 cm lange Röhre, aus der Staubblätter und Griffel herausragen.

T. xerographica ist in Mexiko, Guatemala und Salvador heimisch, wo sie epiphytisch wächst. Meist kommt die Art in Gebieten mit wüstenähnlichem Klima vor, also trocken und heiß am Tage, Abkühlung in der Nacht und Taubildung. Dementsprechend sollte in der Kultur bei hellem und sonnigem Stand nur wenig gesprüht werden. Im Rosettenzentrum und zwischen den Blattscheiden könnte sich leicht Wasser ansammeln, was zu Fäulnis führen kann. Je nach Kulturbedingungen verändern sich auch die Blätter. Bei sparsamem Wasserangebot sind die Blattspitzen gedreht oder eingerollt, wird mehr Wasser verabreicht, werden die Blätter dickfleischiger und strecken sich. *T. xerographica* wächst nur langsam, doch blüht sie einmal, können wir uns an ihrem Blütenstand wochenlang erfreuen.

Tillandsia xiphioides

Ker-Gawler, 1816
Untergattung *Anoplophytum*; grau

Die kurz stammbildenden Pflanzen erreichen blühend eine Höhe bis zu 30 cm. Die aufrechten bis zurückgekrümmten Blätter bilden eine starre, lockere Rosette. Die großen Scheiden liegen sehr dicht übereinander. Die schmal-dreieckigen Spreiten sind rinnig ausgebildet. Der Infloreszenzschaft wird von den oberen Rosettenblättern meist verdeckt. Außerdem wird er von den aufrechten Hochblättern umscheidet, die basal beschuppt, direkt unterhalb der Infloreszenz aber kahl sind. Die Infloreszenz ist eine einfache Ähre, 10 bis 12 cm lang und zweizeilig mit bis zu zehn Blüten besetzt. Die Infloreszenzachse ist schwach zickzackförmig und schmal geflügelt. Die dachziegelartig angeordneten Deckblätter sind lanzettlich, 7 cm lang und überragen weit die Kelchblätter. Sie sind grün bis blaßbraun, stark genervt und kahl bis zerstreut beschuppt. Die Kelchblätter sind etwa 45 mm lang, kahl, genervt, die hinteren sind gekielt. Die weißen, 7 bis 8 cm langen Blütenblätter besitzen einen schmalen Nagel und eine breit-elliptische, ausgebreitete, am Rand gezähnte und wellige Platte. Die Staubblätter und der Griffel sind in der Blüte eingeschlossen. Die Blüten duften zitronenähnlich.

T. xiphioides var. **tafiensis** L. B. Smith, 1970 zeichnet sich durch violette Blütenblätter aus. Die Blätter sind sparrig-abstehend beschuppt. Die Blüten sind mehrere Tage geöffnet und duften. Nach der Blüte beginnt sich der Griffel zu verlängern und überragt dann die abtrocknenden Blütenblätter.

Tillandsia xiphioides

T. xiphioides var. *xiphioides* ist in Bolivien, Paraguay, Brasilien, Uruguay und Nordargentinien verbreitet, während *T. xiphioides* var. *tafiensis* bis jetzt nur in Nordwestargentinien gefunden wurde. Die Pflanzen wachsen epiphytisch oder auch auf Felsen in trockenen Gebieten in einer Höhenlage von 700 bis 3000 m.

Die Art ist relativ einfach zu kultivieren. Man sollte aber beachten, daß die Pflanzen erst wieder Wasser bekommen, wenn sie von der vorhergehenden Bewässerung völlig abgetrocknet sind. Die großen, duftenden Blüten machen *T. xiphioides* zu einer bemerkenswerten, dekorativen Art.

***Tillandsia brachycaulos,* Beschreibung Seite 44**

Glossar

Ährenrhachis siehe Rhachis.

atmosphärische Tillandsien: Die Pflanzen sind in der Lage, atmosphärische Feuchtigkeit, also Nebel und Tau, aufzunehmen.

bulbos: zwiebelförmig.

Deckblätter: Blattorgane, die in ihren Achseln die Blüten tragen; sie werden auch florale Brakteen genannt.

Epiphyten, epiphytisch: Besondere Lebensweise von Pflanzen, die andere Gewächse (in der Regel Bäume) als Siedlungsorte benutzen, ohne sie zu schädigen.

Filamente: Teil der Staubblätter, die aus den Staubfäden (= Filamenten) und Pollensäcken (= Antheren) zusammengesetzt sind; Träger der Pollensäcke.

Hochblätter: Blattorgane, die dem Infloreszenzschaft ansitzen; sie können den Laub- (Rosetten-)blättern sehr ähnlich, aber auch stark reduziert und von anderer Farbe sein, sie werden auch Schaftbrakteen genannt.

Hybride: Kreuzung zwischen zwei verschiedenen Arten (Gattungshybride – zwei verschiedene Gattungen; selten); in Kultur entstanden oder Naturhybride.

imbrikat: dachziegelartig angeordnet; Hoch- oder Deckblätter stehen so dicht beisammen, daß sie sich teilweise überdecken.

Infloreszenz: Blütenstand; einfach, aus Einzelblüten oder zusammengesetzt, aus Teilblütenständen.

Kindel: Fortsetzungs- oder Seitensproß; wird wie ein Steckling zur vegetativen Vermehrung verwendet.

Nagel: unterer Teil eines besonders ausgebildeten Blütenblattes, dessen oberer Abschnitt (Platte) breit-oval geformt ist und sich dann abrupt in einen sehr schmal-linealen Teil, den Nagel, verschmälert.

Platte: Blütenblatt mit besonders breitem oberem Abschnitt, der sich in den unteren Teil, den Nagel, abrupt verschmälert.

Rhachis: Achse, der die Blüten ansitzen.

Saugschuppen: Organe zur Aufnahme von Wasser und der darin gelösten Nährstoffe; sie sitzen mehr oder weniger dicht auf den Blättern und bedekken oft auch Teile der Infloreszenz.

saxicol: felsbewohnend; die Pflanzen siedeln sich auf Steinen und Felsen an.

Scheide: unterer Teil des Blattes (= Blattgrund), mehr oder weniger deutlich von der Blattspreite abgesetzt.

Spreite: oberer Teil des Blattes.

terrestrisch: erdbewohnend; die Pflanzen wurzeln im Erdboden.

Tragblätter: Blattorgane, in deren Achseln die Teilblütenstände stehen; sie werden auch Primärbrakteen genannt.

Linke Seite: Eine der vielen weiteren attraktiven Tillandsienarten, *Tillandsia wagneriana*. Weiterführende Literatur Seite 90

Verzeichnisse

Literatur

Isley, P.T.: Tillandsia. Botanical Press, Gardena, California 1987. (In englischer Sprache)

Kaletta, K.-H. und D. L. Schulz: Bromelien. Verlag für die Frau, Leipzig 1989.

Kawollek, W.: Tillandsien. Arten und Kultur. Naturbuch Verlag, Augsburg 1992.

Rauh, W.: Bromelien. 3. Auflage. Verlag Eugen Ulmer, Stuttgart 1990.

Richter, W.: Zimmerpflanzen von heute und morgen: Bromeliaceen. 4. Auflage. Verlag J. Neumann-Neudamm, Melsungen, Berlin, Basel, Wien 1978.

Röth, J.: Tillandsien. Blüten der Lüfte. Neumann Verlag, Radebeul 1991.

Zimmer, K.: Bromelien. Botanik und Anzucht ausgewählter Arten. Verlag Paul Parey, Berlin und Hamburg 1986.

Bromeliengesellschaft(en)

Deutsche Bromeliengesellschaft
– Geschäftsstelle –
Siesmayer-Straße 61
6000 Frankfurt/M. 1

The Bromeliad Society, Inc.
Membership secretary
2488 E. 49th
Tulsa, OK 74105
U.S.A.

Bezugsquellen

Bundesrepublik Deutschland

Eberhard Bludau
Botanische Kostbarkeiten
Martin-Luther-Straße 1
5000 Köln 71

Femo-Luftnelken OHG
Tillandsien-Import-Export
Rudolfstraße 2 a
4018 Langenfeld bei Düsseldorf

H.W. Knuffmann
King-Tillandsien
Stock 96
4156 Willich 2

Matthias Nies
Tillandsien
In der Trift 15
5241 Derschen (Westerwald)

Niederlande

Corn. Bak B.V.-Assendelft
Bromeliaceen
Dropsstraat 13 a
NL-1566 AA Assendelft

Register

Sternchen verweisen auf Abbildungen. Halbfette Zahlen kennzeichnen Seiten, auf denen die betreffende Pflanze ausführlich besprochen wird. UG bedeutet Untergattung.

Abromeitiella 23, 26
Aechmea 23, 27
– *fasciata* 11
Ähre 18, 19*
Allardtia (UG) 22
Ananas 9, 23
Ananasgewächse 9
Anoplophytum (UG) 22
Artenschutz 13
Aufbindung 27, 28*

Bewässerung 25
Billbergia 11, 23
Blätter 18
Blüten 19, 20*
Blütenstände 18, 19*
Blütezeit, Beeinflussung der 28
Bromeliaceae 23
Bromelioideae 23

Catopsis 22, 23
Cryptanthus 23, 37

Diaphoranthema (UG) 22
Düngung 25
Dyckia 23, 26, 34, 37

Epiphytenhölzer 32
Epiphytenstamm 32
– Bau 33*
epiphytisch 16
epiphytische Kultur 27

Früchte 20

gefährdete Arten 14

Glomeropitcairnia 23
Guzmania 23, 27
– *lingulata* 11

Heimatgebiete 15

Kindel 13, 17, 28, 29*
Kreuzung 11

Lavasteine 34*
– Bepflanzung 35*
Lichtbedarf 24
Louisiana-Moos 15
Luftnelken 9

Mezobromelia 23

Naturhybriden 11
Neoregelia 23
Nidularium 23

Orthophytum 23, 34

Phytarrhiza (UG) 22
Pilzkrankheiten 31
Pitcairnia 23
– *feliciana* 9
Pitcairnioideae 23
Pflanzenteile, Benennung 39*
Pseudalcantarea (UG) 22
Pseudo-Catopsis (UG) 22
Puya 23

Samen 20, 29
Sämlingskulturen 30*
Saugschuppen 20, 21*
saxicol 17
Schädlinge 31
Schalenbepflanzung 36*, 37*
Schwert 18, 19*
Spanisches Moos 15
Steinbepflanzung 13*, 35
Substrate 26

Temperaturansprüche 24
Terrarien 36
terrestrisch 17
Tillandsia (UG) 22

Tillandsia 15
– *abdita* 44
– *aëranthos* **39**, 40* 82
– *anceps* **40**
– *andreana* 60
– *andrieuxii* 67
– *araujei* **41**, 82
– *argentea* 58
– *argentina* 14, **41**
– *atroviridipetala* 14, **42***, 48, 72
– *balbisiana* 14, 15, **43***, 57
– *brachycaulos* **44**, 51, 63
– – × *caput-medusae* 44*
– – × *ionantha* 44
– – var. *multiflora* **44**
– *brachyphylla* 14
– *bryoides* 17, **45***
– *bulbosa* 46*, **47**, 48, 75
– *butzii* 16, 18, **47***, 75
– *cacticola* 14, 19, **48**, 49*
– *califani* 14
– *caliginosa* 53
– *capillaris* 16, 20
– *capitata* **50***
– – 'Peach' 50
– – var. *capitata* **50**
– – var. *guzmanioides* **50**
– *caput-medusae* 14, 18, **50**, 51*
– *carlsoniae* **51**, 52*
– *carminea* 14
– *chaetophylla* 16
– *complanata* 18
– *copanensis* 14
– *crocata* **52**, 53*
– *cyanea* 19, 41, **53***
– – var. *cyanea* **54**
– – var. *elatior* **54**

– – var. *tricolor* **54**
– *dexteri* 14
– *disticha* **54***
– *duratii* 17, **55**, 77
– – var. *confusa* **55**
– – var. *duratii* **55**
– – var. *saxatilis* **55**
– *edithae* 14, 29, **56***
– *ehlersiana* 14, 75
– *erubescens* 67
– *fasciculata* 43, **57**
– – fruchtend 20*
– – var. *uncispica* 56*
– *filifolia* 14, 18, **57**, 58*
– *flabellata* 15
– *fuchsii* 14, 18, 38* **58**, 59*
– – var. *stephanii* **58**
– *funckiana* **58**, 60*
– – var. *recurvifolia* **60**
– *gardneri* **60***
– – var. *rupicola* **61**
– – var. *virescens* **61**
– *geminiflora* **61***
– – *var. incana* **62**
– *grandis* 17
– *grazielae* 14
– *hamaleana* 19
– *hildae* 14
– *hondurensis* 14
– *ignesiae* 14
– *ionantha* **62***
– – 'Haselnuß' 63
– – var. *scaposa* 63
– – var. *vanhyningii* **63**
– *ixioides* 14
– *juncea* 16, **63**, 64*
– *kammii* 14
– *kautskyi* 14
– *klausii* 14
– *kolbii* 63
– *latifolia* 16, 17*, 37, **64**
– – var. *divaricata* **65**
– – var. *latifolia* **65**
– – var. *leucophylla* **65***
– – var. *major* **65**
– *leiboldiana* 15
– *lindenii* 19, 41, 54
– *loliacea* **65**, 66*
– *macbrideana* **66***
– – var. *atroviolacea* **67**
– – var. *longifolia* **67**
– – var. *longispica* **67**
– – var. *major* **67**
– *macdougallii* **67**, 68*
– *magnusiana* 14, **67**, 69*, 72
– *matudae* 14
– *meridionalis* **69***
– *multicaulis* 18
– *multiflora* **71**
– – var. *decipiens* **71**
– – var. *tomensis* 70*, **71**
– *nuptialis* 14
– *oaxacana* 67
– *oropezana* 14
– *paleacea* 16, 17, 37, **71**, 72*
– *paucifolia* 51
– *pedicellata* 16, 45
– *plagiotropica* 14
– *plumosa* 14, 43, 69, **72**, 73*
– *prodigiosa* 29
– *pruinosa* 14, 51
– *pseudobaileyi* 47
– *punctulata* 14*, **73**, 83
– *purpurea* 48, 50
– *rauhii* 17
– *reclinata* 14
– *recurvata* 16, 18, 20, 73*, **74**
– *schiedeana* **74**, 75*
– – ssp. *glabrior* **74**
– *seleriana* 51, **75**
– × *smalliana* 43, 57
– *sprengeliana* 14, **76***
– *streptocarpa* **76**, 77*
– – var. *aureiflora* **77**
– *streptophylla* 77, 78*
– *stricta* U1*, **78**, 79*
– – var. *albifolia* **79**
– – var. *disticha* **79**
– *sucrei* 14
– *tectorum* 14, 73, **79**, 80*
– – Saugschuppen 21*
– *tenuifolia* 34*, 40, 41, **80**, 81*
– – var. *disticha* **82**
– – var. *dungsiana* **82**
– – var. *saxicola* **82**
– – var. *surinamensis* **82**
– – var. *vaginata* **82**
– *tricolor* 16, **82***
– – var. *melanocrater* **83**
– – var. *picta* **83**
– *umbellata* 54
– *usneoides* 15*, 17, 18, 34, **83***
– *utriculata* 9
– × *victoria* 44, 63
– *wagneriana* 88*
– *werdermannii* 14
– *xerographica* 14, 84*, **85**
– *xiphioides* 14, 19, **85**, 86*
– – var. *tafiensis* **86**
– *zecheri* 14

Tillandsien, atmosphärische 2
– Export 13
– gefährdete Arten 14
– graue 13, 22, 24, 26
– grüne 13, 24, 26
Tillandsioideae 23
Topfkultur 32
Traube 18, 19*
Trichterbromelien 16

Umtopfen 27
Usnea 15

Vermehrung, generative 29
– vegetative 28
Vriesea 11, 22, 23, 27

Wasser siehe Bewässerung
Wildpflanzen 14
Wuchsform 17
Wüstentillandsien 16, 26, 37

Zisternentillandsien 17, 19*, 2
Züchtung 11
Zwiebeltillandsien 17, 18*

Bildquellen

Groß, E., Heidelberg: Seite 2, 10, 18, 28, 33(3), 34(2), 35, 36, 37, 46, 81, 87.
Morell, E., Dreieich: Seite 53 oben, 60 oben, 88.
Rauh, W., Heidelberg: Seite 6, 14, 15, 16, 17, 20, 30, 38, 40, 41, 42, 43, 44, 45, 47, 49, 50, 51, 52, 53 unten, 54, 55, 56(2), 58, 59, 60 unten, 61, 62, 64, 65, 66(2), 68, 69(2), 70, 72, 73(2), 75, 76, 77, 78, 80, 82, 83, 84, 86.
Reinhard, H., Heiligkreuzsteinach: Seite 7, 13.
Seidl, S., München: Titelbild, Seite 79.

Die Zeichnungen konnten mit freundlicher Zustimmung des Autors dem Buch »Bromelien« von Werner Rauh, Verlag Eugen Ulmer, Stuttgart 1990, entnommen werden. Verändert wurde ihre Beschriftung.